物理主義

Physicalism

劉　魁／著
孟　樊／策劃

出版緣起

社會如同個人，個人的知識涵養如何，正可以表現出他有多少的「文化水平」（大陸的用語）；同理，一個社會到底擁有多少「文化水平」，亦可以從它的組成份子的知識能力上窺知。衆所皆知，經濟蓬勃發展，物質生活改善，並不必然意味著這樣的社會在「文化水平」上也跟著成比例的水漲船高，以台灣社會目前在這方面的表現上來看，就是這種說法的最佳實例，正因爲如此，才令有識之士憂心。

這便是我們——特別是站在一個出版者的立場——所要擔憂的問題：「經濟的富裕是否也使台灣人民的知識能力隨之提昇了？」答案

恐怕是不太樂觀的。正因爲如此，像《文化手邊冊》這樣的叢書才值得出版，也應該受到重視。蓋一個社會的「文化水平」既然可以從其成員的知識能力（廣而言之，還包括文藝涵養）上測知，而決定社會成員的知識能力及文藝涵養兩項至爲重要的因素，厥爲成員亦即民衆的閱讀習慣以及出版（書報雜誌）的質與量，這兩項因素雖互爲影響，但顯然後者實居主動的角色，換言之，一個社會的出版事業發達與否，以及它在出版質量上的成績如何，間接影響到它的「文化水平」的表現。

那麼我們要繼續追問的是：我們的出版業究竟繳出了什麼樣的成績單？以圖書出版來講，我們到底出版了那些書？這個問題的答案恐怕如前一樣也不怎麼樂觀。近年來的圖書出版業，受到市場的影響，逐利風氣甚盛，出版量雖然年年爬昇，但出版的品質卻令人操心；有鑑於此，一些出版同業爲了改善出版圖書的品質，進而提昇國人的知識能力，近幾年內前後也陸陸續續推出不少性屬「硬調」的理論叢書。

這些理論叢書的出現，配合國內日益改革與開放的步調，的確令人一新耳目，亦有助於讀書風氣的改善。然而，細察這些「硬調」書籍的出版與流傳，其中存在著不少問題，首先，這些書絕大多數都屬「舶來品」，不是從歐美「進口」，便是自日本飄洋過海而來，換言之，這些書多半是西書的譯著。其次，這些書亦多屬「大部頭」著作，雖是經典名著，長篇累牘，則難以卒睹。由於不是國人的著作的關係，便會產生下列三種狀況：其一，譯筆式的行文，讀來頗有不暢之感，增加瞭解上的難度；其二，書中闡述的內容，來自於不同的歷史與文化背景，如果國人對西方（日本）的背景知識不夠的話，也會使閱讀的困難度增加不少；其三，書的選題不盡然切合本地讀者的需要，自然也難以引起適度的關注。至於長篇累牘的「大部頭」著作，則嚇走了原本有心一讀的讀者，更不適合作爲提昇國人知識能力的敲門磚。

基於此故，始有《文化手邊冊》叢書出版

之議，希望藉此叢書的出版，能提昇國人的知識能力，並改善淺薄的讀書風氣，而其初衷即針對上述諸項缺失而發，一來這些書文字精簡扼要，每本約在六至七萬字之間，不對一般讀者形成龐大的閱讀壓力，期能以言簡意賅的寫作方式，提綱挈領地將一門知識、一種概念或某一現象（運動）介紹給國人，打開知識進階的大門；二來叢書的選題乃依據國人的需要而設計，切合本地讀者的胃口，也兼顧到中西不同背景的差異；三來這些書原則上均由本國學者專家親自執筆，可避免譯筆的詰屈聱牙，文字通曉流暢，可讀性高。更因為它以手冊型的小開本方式推出，便於攜帶，可當案頭書讀，可當床頭書看，亦可隨手攜帶瀏覽。從另一方面看，《文化手邊冊》可以視為某類型的專業辭典或百科全書式的分冊導讀。

我們不諱言這套集結國人心血結晶的叢書本身所具備的使命感，企盼不管是有心還是無心的讀者，都能來「一親她的芳澤」，進而藉此提昇台灣社會的「文化水平」，在經濟長足發展之餘，在生活條件改善之餘，在國民所得逐日上昇之餘，能因國人「文化水平」的提昇，而洗雪洋人對我們「富裕的貧窮」及「貪婪之島」之譏。無論如何，《文化手邊冊》是屬於你和我的。

孟樊

一九九三年二月於台北

序　言

物理主義 (physicalism) 是當今西方科學哲學界頗為流行的一股理論思潮，它企圖在西方物理學理論的基礎上建立起統一的科學理論體系，從微觀物理角度對世界和人的本質作出完備、統一的說明。目前，物理主義的理論研究在西方科學界和哲學界都受到異乎尋常的重視，不過，與其它理論流派受到重視的原因不同，它之所以受到重視，不是因為它提出了一套全新的觀點，也不是因為它有了重大發現，而是因為它的理論存在著嚴重的危機。由於整個西方科學自近代以來一直都是建立在物理學這門學科的基礎上，而物理主義又是一門建立在物理學基礎上的哲學學說，所以，物理主義的危機也就意味著整個西方科學理論的危機。一些後現代主義科學哲學家於是以此爲依據，對近代以來的西方科學理論進行了猛烈的抨擊與批判，並在此基礎上提出了具有濃厚後現代主義色彩的新型科學觀，對人類未來的科學前景作出了大膽的、而且富有建設性的構想。正因爲如此，本書的宗旨就不在於從正面闡述物理主義的基本思想，而在於透過各種方式揭示該理論所存在的危機，爲人們迎接新型的科學觀提供思想準備。

坦率地說，物理主義理論所涉及到的哲學領域是非常廣泛的，它不僅涉及到本體論領域，而且也涉及到認識論、心靈哲學和人類行爲等領域，考慮到本書的篇幅、宗旨及一般讀者的興趣所在，筆者只著重闡述了物理主義理論中與人類有關的知覺理論、心靈理論和行爲理論。

本書因爲是根據筆者的博士論文〈後現代境遇的形而上學探索〉改寫而成的，所以，在此筆者要特別感謝導師夏基松先生在筆者撰寫博士論文時所給予的指導。此外，本書能夠得以出版，還要感謝當代知名哲學家J.J.C. Smart和D.M. Armstrong先生的指點與幫助；還要感謝揚智文化事業公司《文化手邊冊》的主編孟樊先生以及賴筱彌小姐的大力支持與幫助，尤其要感謝孟樊先生的精心策劃，在此向他們一并致以衷心的謝意！

劉 魁 謹序

目　錄

導　論

人是由什麼構成的，千變萬化的物質世界又是由什麼構成的，人死了以後是否還有靈魂存在，人類的心理活動是否有特殊的載體（心靈或靈魂），這是自有人類以來就令無數賢哲和思想家百思而不得其解的重大問題，不同時代的思想家們，基於不同層次的經驗和科學知識程度，對這一問題作出了不同的回答，但都不能令人滿意。進入本世紀以後，有些問題又與科學的統一性聯繫在一起。由於物理學在近現代實證科學群中所取得的成就最大，成爲赫赫有名的帶頭學科，再加上它在西方科學體系中的基礎地位，所以，一些具有科學素養的哲學家便不自覺地走上了用物理學的理論對世界和人的各個層次作出統一說明的道路，這就是物理主義誕生的思想背景。物理主義雖然具有明顯的物理學中心主義和科學還原論的缺陷，但它所提出的問題確是非常重要，往往在一定程度上揭示了科學解釋體系的不一致與困境，對當代科學與哲學都是一個非常有力的挑戰。未來科學與哲學發展的起點與動力，很可能就孕育於此，後現代科學家們把未來科學的生長點放在對傳統物理理論即物理主義的批判基礎上，也從反面證明了這一點。

限於篇幅，本書分四章探討了四個方面的問題。第一章主要研究的是物理主義的基本特徵問題。在這一章，筆者首先介紹了物理主義思潮的起源與發展，把物理主義的發展分為兩個階段，對其每個階段的發展狀況與研究中心都作了概括性的說明，在此基礎上研究了物理主義的宗旨與基本特徵。

第二章主要研究的是物理主義的知覺理論問題。知覺問題是個傳統的哲學問題，在近代就有「第一性質」與「第二性質」是否客觀存在的爭論。進入本世紀之後，這個問題不僅沒有得到解決，反而在此基礎上產生了新的理論問題，即人類認識的直接對象是否爲外界客體本身的問題，出現了直接實在論與間接實在論以及實在論與反實在論之爭。筆者在這一章首先介紹了知覺實在論對現象主義的批判，其次並從當代物理學角度探討了兩種實在論的長處與短處。

第三章主要研究的是物理主義的心靈理論問題。心是什麼，它是一種特殊的實體？還是人體的一種機能？這是自近代哲學家笛卡爾以來就一直爭論不休的一個重大理論問題。進入本世紀以後，隨著心理學、腦科學、神經生理學以及物理學與認知科學的發展，人類心靈問題的研究又從心身問題發展到心腦問題階段，當代心靈問題的研究基本上是圍繞心與腦關係問題展開的，物理主義哲學家們在現代物理學理論的基礎上提出了「心腦同一論」的解釋與說明，成爲現當代心靈理論研究的一大潮流與特色。筆者在這一章首先介紹了他們對非物理主義的批判,然後再闡述了他們的物理主義「同一論」,並對該理論的各個類型及其各自的缺陷進行了批判。

最後一章研究的是物理主義的行爲理論問題。人類的行爲與一般動物的行爲、與一般物理客體的運動是否有本質區別?如果有,區別何在?這不僅是一個涉及到人類是否有獨特的心靈或靈魂的理論問題,而且也是一個涉及到人類是否有「自由意志」的重大理論問題。對於這個問題,在歷史上就有一元論與二元論亦即「人是機器論」與「自由意志論」之爭。隨著物理學的發展,這個問題在現當代則進一步發展爲「物理決定論」與「心理決定論」、「物理決定論」與「物理非決定論」之爭,物理主義哲學家們在現代物理學理論的基礎上作出了「決定論」與「非決定論」兩種不同類型的解釋,在國際哲學論壇產生了巨大影響。筆者在這一章首先介紹了現代西方哲學界有關「自由意志」是否存在的爭論以及雙方各自的論據,最後評述了物理主義的決定論與非決定論。在本書的結語部分，筆者對物理主義的發展前景作出了展望，並簡要地闡述了後現代主義物理觀的看法。

第一章
物理主義的基本特徵

在西方哲學界，「物理主義」(physicalism)一詞基本上是在兩種意義上使用的。在第一種意義上，物理主義是一種科學統一的理論主張，它企圖以物理學語言作爲統一科學的語言，把所有科學都統一到物理學中來；在第二種意義上，物理主義則是一種科學還原的理論主張，它企圖把所有非物理現象都還原爲物理現象，從微觀物理層次對所有宏觀現象都作出決定性的、徹底的和完備的解釋。如果說物理主義在前一種意義上具有語言還原的性質，那麼，它在後一種意義上則具有本體還原的性質。物理主義在早期（即維也納學派時期）就是在前一種意義上使用的，後期則是在第二種意義上使用的。爲準確把握物理主義的基本特徵，本章就從它的起源談起。

第一節　物理主義的興起與發展

物理主義的興起與發展大致可以分爲兩個階段，從本世紀三〇年代到五〇年代是它的早期階段，可稱爲「早期的物理主義」，其特徵在於以物理學語言作爲統一科學的語言，建立統一的科學理論體系。從五〇年代末至今，是它的第二階段，可稱爲「後物理主義」(post-physicalism) 或「當代物理主義」，其特徵在於企圖從微觀物理層次對世界上的所有現象都作出徹底的、完備的說明，在本體論上把所有的非物理規律都還原爲物理學的法則。下面我們就分階段來說明。

一、早期的物理主義

物理主義作爲一種理論思潮登上哲學講壇，是本世紀三〇年代的事情。它首先是由維也納學派哲學家奧特·紐拉特 (Otto Neuath, 1882～1945) 提出的，後來得到了魯道夫·卡納普 (Rudolf Carnap, 1891～1970) 等人的支持與發展。其中，卡納普的貢獻最大，是該理論的核心人物。

以紐拉特和卡納普爲代表的早期物理主義者認爲，經驗世界是統一的，表述經驗世界的科學語言也應該是統一的。但是，目前的情況是，各門學科各有自己的概念、術語，各有自己的語言，這樣就造成了各個學科之間的隔閡。如果想要結束這種學科隔閡的局面，唯一的辦法是把各種學科的語言統一起來。按照他們的看法，任何作爲統一科學的語言，都必須具備以下兩個條件：

第一，它必須是一種主體間的語言，即它必須是每個人都能理解的，它的符號對於每個人都有相同意義的語言。

第二，它必須是一種通用的語言，可以用來表達任何一件事實。由於物理主義者認爲，一切特殊科學的語言都可以在保存其原意的條件下翻譯成物理語言（physical language），一切特殊科學的命題都可以轉化爲相應的物理命題，所以，他們認爲，作爲統一科學的語言應當是物理語言，一切科學就可以在物理學的基礎上統一起來。

所謂物理語言，簡單說來就是人們在日常生活或物理學中關於物理事件所用的語言。由於物理事件可歸結爲處於一定時空座標中的事件，因此物理語言也就是對物理事件的時空描述。物理主義者之所以認爲物理語言可以成爲一切科學的通用語言，其根據就在於一切科學事件都可以翻譯成具有這種時空座標系的物理事件。對於複雜的社會事件，他們就把它歸結爲人類的心理事件；對於具有主觀特徵的心理事件，他們又用行爲主義的方式把它歸結爲在一定的時間與空間中發生的生理事件。例如，按照他們的看法,「憤怒」這個心理語詞與「面紅耳赤」、「咬牙切齒」、「暴跳如雷」等物理語詞是同義或等值的，可以為後者替代。物理主義者認為，由於他們主張物理語言是對物理事件的描述，物理事件不是感覺，而是具有時空座標的物理要素，這樣就克服了過去主張由感覺經驗證實命題所導致的主觀唯心主義和唯我論，因此他們的物理主義可稱作「方法論的唯物主義」,以便與傳統的本體論的唯物主義區別開來。

需要說明的是，維也納學派的物理主義觀並不是始終如一的，它也經歷了一個從「強」到「弱」直至衰落的過程。起初，紐拉特和卡納普主張，只有上述的物理語言才具有作為統一科學的語言所必須具備的兩個條件。「物理主義」這個名稱就是由此而來的。鑒於這種物理語言是一種純粹定量的語言，在它全部陳述中只使用度量概念，對於一些定性概念難以處理，所以卡納普後來就對這種物理主義的論點有所減弱,使它只涉及「事件語言」(dingsprache)。這種語言不僅包含量的概念，也可以包含質的概念，條件是它要與事物的可觀察的性質和事物之間的可觀察的關係有關。物理主義在此顯然已被弱化。再到後來，鑒於該理論在語言還原所存在的重重困難，物理主義的堅實擁護者卡納普也不得不把它只當作一種可以這麼做的願望而已，到此時，作爲統一科學的、具有語言還原性質的早期物理主義理論實際上已走上了衰落之路。

二、心腦同一論

在卡納普等人的早期物理主義之後，最有影響的物理主義乃是H.費格爾 (Hebert Feigl) 和J.J.C.斯馬特 (Smart) 等人所主張的物理主義的「心腦同一論」(identical theory of mind and brain)，其它形式的物理主義都是受他們的影響才逐漸形成的。

按照澳大利亞哲學家斯馬特的說法，最早提出「心腦同一論」的人並不是他和費格爾，而是澳大利亞的另一個哲學家普萊思 (U.T.

Place)，他在1956年就發表了一篇題爲〈意識是一種大腦過程嗎？〉(*Is Consciousness a Brain Process?*) 的文章，只不過因爲這篇文章是發表在英國的心理學雜誌上，所以在哲學界影響並不大。直到費格爾的〈「心的」與「物的」〉(*The "Mental" and the "Physical"*, 1958) 一文和斯馬特的〈感覺與大腦過程〉(*Sensation and Brain Processes*, 1959) 一文問世後，心腦同一論才在國際哲學界產生了巨大影響，並廣泛流傳開來。

費格爾在哲學界是以維也納學派的成員和倡導具有物理主義性質的心腦同一論而出名的。在心身問題上，他受石里克 (M.Schlick) 的影響比較大。在他看來，所謂心身問題其實是一個假問題，它是由於概念的模糊而導致的，因此，他花了很大力氣對哲學家和心理學家所使用的「心的」(mental)、「物的」(physical) 概念的內涵進行了考察，並在1958年發表了著名的〈「物的」與「心的」〉一文，得出的結論是，這兩個概念的內涵雖不一樣，但其指稱是相同的。「心」一詞指稱的就是人們的神經事件或人腦中的物理事件，就像人們談論晨星和暮星一樣，其含義雖有不同，但所指都是金星。就是因爲如此，費格爾的心腦同一論也被稱作「心身同一論」(identical theory of body and mind)。

不過，費格爾的同一論也存在一個巨大的困難，即人們的心理過程是具有主觀色彩和感情色彩的，而人們的大腦神經過程並沒有。對此，費格爾辯解道：

1. 同一論所說的心理語詞應當是主體間性 (intersubject) 的，應當消除私人性和主觀性。

2. 心腦同一論是屬於經驗的、偶然的同一論，而非邏輯的、必然的同一論。

也就是說，心腦同一論是對事實的概括，二者在事實上就是一回事，不是經過理論的邏輯分析得出來的必然結論。這固然可以在一定程度上避免了唯心主義對舊唯物主義的指責與批判；因爲舊唯物主義曾主張，思想過程就是大腦過程，思想是一種大腦事件。唯心主義批評道，思想不可能是一種大腦事件，因爲一個人對於自己的思想可以有充分的了解，但對於大腦狀態卻經常是一無所知，或知之甚少。儘管如此，費格爾的心腦同一論還是面臨著巨大困難，因爲人們的心理活動與其大腦過程所具有的性質畢竟是不一樣的，按照近代德國哲學大師G.W.萊布尼茲（G. W. Leibniz，1646～1716）的「同一原理」，如果兩個物體同一，那麼二者的性質就應當完全相同，否則，二者就不同一，按此推論，心與腦不可能是同一個東西。對此，費格爾承認他的理論沒辦法解決這個難題。

如果說費格爾的物理主義還具有早期物理主義的語言還原特徵、實際上屬於過渡性理論的話，那麼，斯馬特的物理主義才是後期物理主義（即當代物理主義）的眞正開創者。與費格爾相似的是，斯馬特也是心腦同一論者，不過，他是以比較徹底的本體論的物理主義理論來證明這一點的。在1960年的成名作〈感覺與大腦過程〉和他後來的代表作〈哲學與科學實在論〉(*Philosophy and Scientific Realism*)中，斯馬特比較全面地闡述了自己的觀點。他認爲,「人就是由物理粒子組成的龐大組合物，除此以外並不存在什麼感覺或意識狀態」(1959)。科學總是不斷地告訴我們,有機體可以被看成是一團物理化學組織，甚至人類本身的行爲也能達到用力學術語進行完備描述的一天；就科學所涉及到的對象而言，世界上存在的東西都是由諸物理要素組成的非常複雜的組合體，只有一個地方例外，即意識，實在是令人難以置信，按照奧卡姆 (William of Occam,約1300～1350) 的「思維經濟原則」,我們完全可以否認這種超物理的心理現象及其載體「心靈」的存在。

不過，斯馬特的物理主義在早期也不是很徹底，他在說明有關心理現象時還具有濃厚的行爲主義特徵，這充分體現在他對第二性質的說明問題上。後來在另一個哲學家阿姆斯特朗(D.M.Armstrong) 的影響下,他才改變了有關看法，把物理主義貫穿到底。儘管如此，斯馬特在當代物理主義哲學界的開創者地位和重大影響是不容否認的。正是在他的影響下，以他和阿姆斯特朗爲代表的澳大利亞唯物主義學派才得以形成，該學派對物理主義的研究才得以在世界哲學界占據一席之地。

在費格爾與斯馬特之後，物理主義大致是朝著三個方向發展的。

第一，首先是澳大利亞哲學家阿姆斯特朗和另一個哲學家劉易斯 (D.H. Lewis) 把物理主義理論大大向前推進了一步，他們不僅在心靈理論領域把物理主義貫穿到底，消除了斯馬特的行爲主義痕跡，而且把心靈問題的研究從實體等同論發展爲功能等同論，不再把心等同於腦，而是把心的功能等同於腦的功能，當今流行的以普特南爲首的功能主義理論就是在此基礎上發展起來的，因此他們兩人有「功能主義之父」的美稱。此外，阿姆斯特朗以物理主義精神在知覺領域開創了直接實在論的研究，在科學實在論領域也創造性地進行了自然主義的實在論研究，物理主義的研究領域因此大大拓寬。

第二，物理主義的另一方向是把心腦同一論推到極端，否認心理現象的存在。費耶阿本德 (Paul Harl Feyerabend) 和羅逖 (Richard Rorty) 等人提出的消失論就充分體現了這一點。

第三，自七、八〇年代以來國際哲學界流行的「非還原的物理主義」思潮顯示出物理主義發展的又一新趨向。以羅逖、戴維森和斯馬特爲代表的物理主義者看到，包括人類的心理現象在內的各種非物理現象，無論以何種方式（即語言還原方式或本體還原方式）把它們還原爲物理現象，都存在極大的困難，該理論發展的兩個階段已充分地顯示了這一點。因此，他們就在承認這種非還原的前提下，以不同的方式繼續堅持物理主義。如斯馬特是以決定論的方式堅持的，羅逖和戴維森是以實用主義的方式堅持的。

第二節　物理主義的宗旨與基本特徵

一、物理主義的宗旨

根據以上論述可以看出，物理主義自誕生以來，雖然在理論特徵上經歷了從統一科學到微觀詮釋的轉換，甚至出現了從所謂的還原論向非還原論的轉換，但其理論宗旨並未發生根本的轉換。物理主義的理論宗旨就在於企圖依據現代西方物理學理論對客觀物質世界和人類的主觀精神世界作出統一的說明。對於這一點，我們也可以從所謂非還原物理主義的理論主旨中看出。

如前所述，所謂非還原的物理主義是本世紀七、八〇年代以來湧現出的一股新型的物理主義理論思潮，其代表人物是美國哲學家唐納德・戴維森和理查・羅逖和澳大利亞哲學家斯馬特。在心靈的本質問題上，他們一方面堅持

106-□□

台北市新生南路3段88號5F之6

揚智文化事業股份有限公司　收

廣告回信
臺灣北區郵政管理局登記證
北台字第8719號
免貼郵票

(請用阿拉伯數字書寫郵遞區號)

市　縣　鄉鎮　市區

姓名：

地址：

路(街)　段　巷　弄　號　樓

電話：(　)

FAX：

□□□-□□

□揚智文化公司　□亞太出版社　□生智出版社

謝謝您購買這本書。

爲加強對讀者的服務，請您詳細塡寫本卡各欄資料，投入郵筒寄回給我們（免貼郵票）。

您購買的書名：________________________

購買書店：__________市/縣__________書店

性　　別：□男　□女

婚　　姻：□已婚　□未婚

生　　日：____年____月____日

職　　業：□①製造業　□②銷售業　□③金融業　□④資訊業　□⑤學生　□⑥大衆傳播　□⑦自由業　□⑧服務業　□⑨軍警　□⑩公　□⑪教　□⑫其他________

教育程度：□①高中以下（含高中）　□②大專　□③研究所

職 位 別：□①負責人　□②高階主管　□③中級主管　□④一般職員　□⑤專業人員

您通常以何種方式購書？

□①逛書店　□②劃撥郵購　□③電話訂購　□④傳眞訂購　□⑤團體訂購　□⑥其他

對我們的建議

物理主義綱領，堅持精神現象、心理現象在本質上就是一種由物理運動定律決定的物理現象，是由組成人腦的各種物理粒子的運動決定的，人類及一般動物的心理現象背後並不存在任何特殊的載體，換句話說，根本就不存在所謂的心理載體或精神實體；另一方面又承認心理現象在語言上無法還原爲生理現象，甚至承認心理現象在本體論上無法完全還原爲物理現象，但認爲這種不可還原性和不可翻譯性並不影響物理主義綱領的成立。

戴維森和羅逖認爲，所謂物理主義實質上是這樣一種主張，即對於每一事件都可用微觀粒子的詞語去描述，並參照其它如此描述的事件加以說明；一種理論的詞句不能透過同義語規則對應地翻譯爲另一種理論的詞句，並不意味著二者所描述的現象之間存在著不可還原性，因爲「還原」是一種僅只存在於語言詞項之間的關係，而不是一種存在於本體論範疇之間的關係，所以，它與物理主義的眞理性無關。斯馬特在1981年的一篇文章中也指出：「當我說大腦的行爲是由物理學的定律（當它們與組成大腦的物理粒子相關時）和這些粒子在某初始時刻的空間組合與運動狀態決定時，我並不表示神經生理學能夠被演繹地還原爲物理學」。按照他的看法，堅持物理主義，並不要求把所有心理語言、生理語言都完全地翻譯爲物理學語言，只需要心理現象、生理現象在一定條件下按照物理學的方式可以理解和闡釋就足夠了。此外，他認爲，堅持物理主義，並不意味著不承認物質系統在由簡單系統向複雜系統發展過程中所存在的性質上的突現現象，只是認爲這種突現過程及其產物都必須遵守一定的物理運動規律，即使是人類的心理現象也不例外。

由此可見，物理主義的宗旨在於從物理學角度對世界和人類的諸種現象作出統一的說明，它的變化僅在於從主張完全的統一理論解釋弱化爲不完全的統一解釋。

二、物理主義的基本特徵

物理主義的理論宗旨也就決定了它具有物理學中心主義、還原論和決定論的特徵。

首先，它具有物理學中心主義的特徵。物理主義哲學家們因爲是要以物理學理論、尤其是要以西方現代物理學理論爲基礎建立統一的科學解釋體系，所以他們的理論也就具有某種程度的物理學中心主義傾向與特徵。這種物理學中心主義的傾向與特徵主要表現在以下三方面：

第一，大多數物理主義哲學家認爲，各門科學在原則上都可以最終還原爲物理學，或者說，各門科學在原則上都可以歸結爲物理學在各個領域、各個層次的應用；非還原的物理主義哲學家雖然不同意上述看法，但還是認爲各種非物理現象、或者說高於物理現象的客觀現象最終都是由相應的物理定律決定的。

第二，所有的物理主義理論都是以物理學理論爲中心來建立統一的科學解釋體系，只不過存在著以現代物理學、還是以未來物理學爲中心的區別。在〈物理主義與突現〉(1981) 一文中，斯馬特爲防止人們對其物理主義的誤解，特意把他所說的「物理學」界定爲「當今物理學」(present-day physics)。他認爲十八世紀的物理學有局限性，即不能理解那些需要設定未知的「電力」(electric force) 才能理解的宏觀現象，而當今的物理學已克服了這種局限性，並且在理解一般物質 (ordinary matter) 方面已做得相當好，我們只能設想未來的物理學會在夸克 (quarks) 之類的微觀層次上和在宇宙論 (cosmology) 之類的宇觀層次上發生革命性的變化，而不能設想它在其它方面的革命性變化，因此在心身問題上，我們只需要以現代物理學理論爲基礎也就足夠了。而以阿姆斯特朗爲代表的物理主義哲學家們則認爲，當今物理學或現代物理學還不足以成爲理解物理主義的理論基礎，因爲對心身問題的理解最終必須依賴於未來的物理學，所以只有未來的物理學才能擔此重任。

第三，許多物理主義哲學家已公開顯示出對物理學理論的某種迷信或崇拜傾向，如澳大利亞哲學家D.M.阿姆斯特朗就是如此。按照他的看法，物理學按照它目前的發展趨勢，完全可以對包括人類心理在內的許多複雜現象作出徹底而又完備的解釋；這個世界也只能存在著爲物理學所研究的原理和性質，如果說還存在著其它的（即反物理學的）原理與性質，那是令人難以置信的。

其次，它具有還原論的特徵。如前所述，物理主義理論是要以西方物理學理論爲基礎建立統一的科學解釋體系，在微觀物理層次上對包括心理現象在內的所有自然現象都作出比較完備的解釋，因此它也就不可避免地具有還原論的特徵，即使是所謂的「非還原的物理主義」也不例外。羅逖、戴維森和斯馬特等人主張的物理主義理論雖然具有一定的非還原論特徵，但畢竟還是要從微觀物理層次對具有宏觀性質的心理現象作出解釋，因此該理論並不能從根本上避免還原論特徵，它只能避免早期物理主義所具有的語言還原特徵，只能在一定程度上避免其它現代物理主義哲學家所主張的「強意義上的」本體論的還原特徵，不能避免「弱意義上的」本體論的還原特徵，換句話說，非還原的物理主義其實是一種「弱意義上的」物理主義。

最後，它還具有決定論的特徵。各種物理主義理論（包括後文涉及到的物理主義非決定論在內）都具有不同程度的決定論特徵，表現有二，一方面，它認爲所有的物質運動最終都是由其基礎層次的物理運動決定的，或者說是由相應的物理運動定律決定的，即使是人類的心理活動也不例外；另一方面，它認爲所有的自然運動定律都在某種意義上可以還原爲相應的物理運動定律，還原爲有關物理運動定律在各個層次或各個方面的應用，換句話說，所有的自然運動定律最終都是由物理運動定律決定的。

第二章
物理主義的知覺理論

如前所述，物理主義是一種具有還原論性質的科學哲學理論，它企圖以物理學理論爲中心對千變萬化的客觀物質世界及人類的主觀世界作出統一的說明和詮釋。在具體的研究過程中，哲學家們發現，他們的理論所面對的最大難題乃是如何說明人類的主觀世界亦即人類的心理活動問題，整個物理主義的發展自始至終也是圍繞這一問題展開的。目前，心理學對人類心理現象的研究雖然已有了很大發展，但受實證主義思潮的影響，它是建立在把心理現象化爲一種生理現象，最終化爲物理現象的基礎上來進行的，因此引起了很大的非議。於是，一些哲學家便圍繞它們之間的關係展開了討論。由於知覺現象是人類認識過程中一種非常重要的心理現象，也是傳統哲學研究的核心問題之一，因此知覺問題也就成了當代認識論研究的重要問題之一，物理主義的知覺理論就是在這一過程中誕生的。

從總體上看，物理主義的哲學家們在知覺問題上有直接實在論 (direct realism) 和間接實在論 (indirect realism) 之別，由於知覺實在論 (perceptual realism) 是在對現象主義 (phenomenaism) 進行批判的基礎上誕生的，所以，本章也就首先闡述知覺實在論對現象主義的批判。

第一節　現象主義批判

現象主義是一種反實在論的知覺理論，它否認經驗世界背後物理世界的存在，否認物理世界能夠離開經驗世界而出現。在現象主義哲學家們看來，唯一可能的意識對象是經驗與經驗的復合，不存在離開經驗的實在。現象主義的鼻祖是近代英國哲學家貝克萊。

貝克萊認爲，「存在就是被感知」，物理對象的存在過程就是它的被感知過程，如果沒被感知，它就不存在；貝克萊之所以得出這樣違背常識的結論，是與他本人的視覺理論不能分開的。貝克萊認爲，人們在視覺中只能看見由光和顏色組成的二度空間圖像，距離就不能被人們直接看見，它是人們根據有關視覺材料進行理性加工的產物。所以，視覺的直接對象並不是人們外界的物理對象，而是人們心中的「觀念」或「感覺」。人們之所以能確認外界有關對象的存在，不是因爲人們直接看見了它，而是因爲人們對有關觀念或感覺進行推論的結果。貝克萊從視覺圖像的二向度性推出視覺直接對象的觀念性的依據在於，他認定人類的視覺對象與觸覺具有二向度特徵與三向度特徵之別。他認爲，人類的視網膜具有二向度特徵，所以人類的直接視覺對象也只能是二向度的，不可能是三向度（或三度空間）的；與此不同，人類在觸覺過程中所感知的直接對象是三向度的，總是具有長、寬、高三向度特徵的，這一點可從經驗常識中得到證明；如果人類在視覺和觸覺中所感知的直接對象就是外在的有關物體，就不會同一物體在視覺與觸覺中具有不同向度數的差別，由此推知，人類的直接（即非推理的）視覺對象只能是「觀念」，而非外在物體。既然人類的直接視覺對象是內在的觀念，那麼，其觸覺的直接對象同理也一樣是內在的觀念，由此推知，人類在知覺過程中感知的直接對象只能是內在的觀念，而非外在的有關物體，這樣一來，客觀物體的存在也就被等同於內在的感知過程了。

由此可見，貝克萊的知覺理論和本體論是建立在他的視覺理論基礎上的。對於貝克萊的這種現象主義的知覺理論與唯心主義的本體論，自近代以來已有不少哲學家批判過，但大多忽略了其理論基礎。許多哲學家站在素樸唯物論的立場上批判貝克萊的經驗論，運用諸種經驗事實來證明外在物理世界的客觀存在與獨立存在，並沒有從理論上眞正駁倒貝克萊的理論。在理論上首先看到這一點的是澳大利亞哲學家阿姆斯特朗，他早年曾對貝克萊的哲學理論進行過認眞研究，看到了貝克萊的理論的上述基礎所在，於是就從此角度對以貝克萊爲代表的古典現象主義理論及在此基礎上誕生的現代現象主義理論展開了批判。

在《貝克萊的視覺理論》(*Berkeley's Theory of Vision*) 中，阿姆斯特朗指出，貝克萊的上述推理過程是可以成立的，但他的推理前提即人類的視覺對象具有二向度性是不成立的。因爲從經驗事實看，人類的視覺對象並不是二向度的，而是三向度的，與觸覺對象一樣，二者在空間上是吻合的，人們並沒有感到二者之間有什麼區別。在貝克萊之後，休謨曾經指出，聲音、味覺、嗅覺本質上並不具有空間特徵，它們之所以顯得具有三向度特徵，完全是由人們的主觀意象賦予的。阿姆斯特朗指出，休謨的看法旨在幫助貝克萊擺脫人們在日常知覺中所感覺到的視覺對象與觸覺對象的空間吻合問題，但他並沒有成功。因爲聲音、味覺、嗅覺本身就具有空間的位置，這可以由經驗和科學的實踐來證實，所以，休謨的觀點並不能幫助貝克萊擺脫上述困境。

1965年，阿姆斯特朗在《貝克萊的哲學筆記》(*Berkeley's Philosophical Writings*)一書的序言中，曾對貝克萊的整個哲學理論提出質疑，在某種程度上也是對它的知覺理論的質疑。他認爲，貝克萊的理論有三個困難：

第一，貝克萊認爲「存在就是被感知」，這固然可以解釋已被感知客體的存在，但無法解釋未被感知客體的存在，而且與常識也不符，對此，貝克萊不得不以無法證實的上帝的感知來說明，這不僅令人難以信服，在理論架構上也顯得極不經濟。

第二，既然知覺的直接對象並不是外在客體本身，那麼，人們在知覺中就應當無法區別表象與實在，是貝克萊理論的一大缺陷。

第三，既然物質客觀的存在離不開能感知

客體的心靈的存在，那麼，心靈是什麼，心靈與身體的關係怎樣，就必須講清楚，這對貝克萊的理論來說，也是一個沒有解決的問題。

不過，貝克萊的著作中也含有更加靈活的觀點的痕跡，當代現象主義就是在此基礎上發展起來的。在《人類知識原理》(*Principle of Human Knowledge*) 一書中，貝克萊就曾經指出，只要感知物理對象是可能的，物理對象就是存在的，那怕它們實際上並沒有被感知。當代現象主義者於是由此推出，如果某一物理對象能夠被人們感知，那麼，它就是存在的。這樣，許多物理對象即使未被感知也能夠被承認存在，絲毫也不違背人們的直覺與生活常識，這就是現象主義的結論。顯然，當代現象主義要比貝克萊的理論更加靈活一些，也更加合理一些，它畢竟給了物理對象不被感知而仍能存在的觀點一個更加自然的意義。儘管如此，它與貝克萊的理論一樣，也面臨著如何說明知覺經驗持續、恒久的根據問題。對於這個問題，唯物論者和知覺實在論者堅決主張，這個根據就是既與知覺經驗不同而又支持它的客觀物理世界；而所有的現象主義者堅決否認這個主張，違背了人們的日常生活經驗與直覺，令人難以接受。正是在這種否認過程中，現象主義的弱點暴露無遺，許多哲學家才走上了知覺實在論的道路。

第二節　兩種類型的知覺實在論

所謂知覺實在論，實際上是知覺哲學中的一種科學實在論，在某種程度上也是一種唯物主義的知覺理論。按照當代美國認識論專家J·丹西（Jonthan Dancy）的看法，它的觀點可以概括如下：我們的感知對象即使未被感知時也存在著，並保持著我們感知到它們所具有的（至少）某種屬性；也就是說，作爲人們感知對象的客觀事物及其所具有的某些屬性是獨立於人們的感知而存在的。不過，如前所述，知覺實在論有直接實在論與間接實在論之分，由於直接實在論是在間接實在論之後出現的，是對後者所面臨理論困難的一種反應，直到阿姆斯特朗在本世紀六〇年代初提出之後才流行開來，故本節也就先從間接實在論談起。

一、間接實在論

間接實在論的基本主張是，我們在知覺中必須借助於內在的、非物理對象（如感覺、觀念）的直接意識而間接地意識周圍物理對象。該理論又有「素樸的」與「科學的」形式之分。前者主張，意識的間接對象總的來說具有直接對象所具有的屬性的全部類型。這樣，作爲間接對象的物理對象就既有形狀和大小等第一性質（primary qualities），也有色、嗅、味等第二性質（secondary qualities）；後者則主張，作爲間接對象的物理對象只有第一性質，沒有第二性質，人們的直接對象才具有第二性質。換句話說，在科學的間接實在論者看來，作爲物理對象的自然界本身是沒有顏色、沒有聲音、沒有氣味的，這些只是人們的感覺或觀念才具有的性質。這種看法雖然與人們的生活經驗不符，卻是以現代物理學爲依據的。這種理論的鼻祖是近代的法國哲學家洛克 (John Locke)，它在本世紀六〇年代以前一直占據著認識論領域的主導地位。

間接實在論者之所以否認外在物理對象是人們知覺的直接對象，主要依據有兩個。

第一，我們通常是透過有關的感覺或觀念而認識外在物理對象的，對於相同的物理對象，不同的人往往會有不同的感覺或觀念，即使是同一個人，在不同的時間或場合往往會有不同的感覺或觀念，如果外在的物理對象就是人們知覺的直接對象，就不會出現這種情況。

第二，根據現代神經生理學的研究，我們知道，人類知覺外在對象的過程是非常複雜的，在知覺過程中，介於外在對象和知覺之間的大腦有許多狀態和過程。在知覺過程中，人們只能透過其對視網膜表層等等的作用而被間接地感知外在物理對象。錯覺往往就是因此過程而產生的。該理論的優點在於容易解釋錯覺與幻覺的產生問題，與現代關於顏色、聲音等的解釋也比較協調一致，其缺陷則在於與人們的生活常識及直覺不符。

二、直接實在論

直接實在論也是一種知覺實在論，它與間接實在論一樣，承認我們所看到的和接觸到的物理對象及其 (至少) 某些屬性是客觀存在的，不以人們的感知爲條件；不過，它認爲我們在感知過程中可以直接意識到有關物理對象，不需要借助於中介對象來認識，這是與間接實在論的根本區別所在。不過，直接實在論又有素樸的直接實在論 (naive direct realism) 與科學的直接實在論 (scientific direct realism) 之分。

素樸的直接實在論者認爲，人們在感知過程中是對有關物理對象的直接感知與意識，所以，物理對象原本具有的所有性質並不會因人們的感知而有所損失或有所增加。換句話說，一個物體在被人們感知時所具有的全部屬性與它未被人們感知時所具有的全部屬性是一樣的，沒有任何區別。按照這種看法，一個物體在沒被人們感知時不僅具有形狀、大小、重量之類的性質，即不僅具有第一性質，它還具有顏色、氣味、聲音、冷熱、味道、粗糙與光滑等第二性質。

素樸的直接實在論的優點在於：

第一，人們對於傳統哲學中關於物體第一性質和第二性質的劃分感到不安，素樸直接實在論對二者不作區分的處理正好適應了人們在這方面的理論需求。按照洛克 (John Locke) 的看法，形狀、大小、分子結構和運動這些「第一性質」，具有不同於色、熱、嗅、味等「第二性質」的不同地位。我們感知有顏色的物體，原本並沒有顏色，它只是具有某些特殊的第一性質，使得人們在感知它時顯得有顏色。因此，物體在感知過程中所顯示出的色、熱、嗅、味等第二性質，並不是它在未被感知時所能保持的屬性，這些屬性也不是物體所具有的獨立屬性。但是，洛克對物體性質的這種劃分後來遭到了以貝克萊（George Berkelcy）爲首的唯心主義哲學家的質疑與批判。按照貝克萊等人的看法，洛克對物體性質的劃分是站不住脚的，因爲洛克所說的物體的「第一性質」和他所說的「第二性質」在人們的感知過程中的表現是一樣的，都依賴於人們的感知過程而存在。此外，人們在日常生活中也切身感受到外在的自然環境是有聲有色、豐富多彩的，如果洛克的看法成立的話，那麼，人們在日常生活中的感受就全錯了，人們對自然環境的成千上萬次的感受就都是一種錯覺或幻覺了，實在是令人難以置信的。素樸的直接實在論滿足了人們這方面的心理需求。

第二，退一步講，即使這個區別合理，它也無礙於素樸的直接實在論。在素樸的直接實在論者看來，我們對於物體第二性質的感覺與對物體第一性質的感覺並不存在意識序列上的差別，因爲這兩類屬性在人們的感知過程中是以同樣直接地方式顯示出來的，物體的顏色就像形狀和大小一樣都是物體的一部分。

不過，素樸的直接實在論也有弱點：

第一，我們不能設想我們所看見的顏色在未被感知的情況下也存在。因爲根據常識知道，物體的顏色不僅依據物體所具有的條件而變化，而且也依據周圍環境（尤其是光）和感知者的條件而變化，所以，不可能有物體的眞正顏色這一類的東西；人們對物體顏色的感知很可能與對物體的分類的需要有關，換句話說，與人們的認識的需要有關。此外，物體在黑暗中會失去顏色，也說明顏色只能存在於適宜的知覺條件下，這使我們很難說顏色未被感知也能存在。

第二，它面臨著如何說明錯覺（illusion）與幻覺（hallucination）的可能性問題。從心理學上講，錯覺是一種對客觀事物的歪曲的感知，表現爲客觀存在的某種事物感知爲性質完全不同的另一種事物；而幻覺則是一種沒有現實刺激物作用於相應的感受而出現的一種虛幻的感知體驗，表現爲外界環境並不存在某種事物而主體卻堅持認爲已感知到。這對素樸的直接實在論來說是一個巨大的理論難題，許多間接實在論者就是以此爲依據批判直接實在論的。正是由於素樸的直接實在論面臨著這些難題，科學的直接實在論才運應而生。

科學的直接實在論認爲，現代科學研究表明，物理對象未被感知時並不保持我們感知它們時所具有的全部屬性；因爲有些屬性的存在依賴於感知者的存在。這樣，色、味、聲、嗅、熱和粗糙就不是對象未被感知時仍能保持的獨立屬性了，只有在與感知者的關係中對象才具有這些屬性。該理論承認人們對世界知覺的直接性，但這種承認只局限於屬性的特殊組合。

科學直接實在論的優點在於與現代物理學關於色、聲、味等第二性質的解釋比較符合。按照美國認識論專家丹西的說法，「當代物理學提供的各種解釋沒有要求我們必須假設第二性質是物理對象的獨立屬性」。

第一，在理論上，我們經常需要借助微觀物體的第一性質來解釋宏觀物體的第一性質，但在解釋宏觀物體的第二性質時，我們通常並不需要借助微觀物體的第二性質來說明。比方說，對於普通物體的形狀和大小，通常是借助其組成部分的形狀和大小來解釋，但對於普通物體的色和熱，通常並不借助於其組成部分的色和熱來解釋；在日常解釋中，我們並不需要把這些部分看成是有色的或者是熱的。

第二，在我們對某物體看起來是方的這類知覺事件的原因進行解釋時，一般把原因歸在該物體本身是有形狀即方形這一事實上。但是，當我們對某物體看起來是綠色的這類知覺事件進行解釋時，通常並不作如上類似的解釋，此類解釋往往依賴於物體的第一性的屬性、眼、腦、和局部條件之間的關係。按照思維的經濟原則，我們必須放棄那種認爲物體中存在著像我們所看見的顏色那種東西的觀念。世界，就其獨立於感知者存在而言，僅僅是擁有第一性質的世界。

不過，與素樸的直接實在論一樣，該理論也面臨著一些難題，對此，它也給予了一一答覆。首先，它就面臨著如何說明錯覺與幻覺的問題。對此，一些科學的直接實在論者從「錯誤信念」理論角度給予了說明。按照他們的看法，無論是錯覺還是幻覺，實際上都是一種包含著「錯誤信念」的知覺，人們發生錯覺的原因在於自以爲他們對事物感知是正確的、眞實的，事實卻恰恰相反。其次，它面臨著說明物理對象能否具有獨立存在的問題。一些哲學家認爲，人們的知覺本身就包含著對客觀事物的認識，包含著對客觀事物的印象，這說明人們在知覺中已認識了客觀事物，因此，客觀事物不可能獨立於人們的感官印象而存在，換句話說，人們只能透過感官印象這一中介而認識客觀事物。這其實是一種傾向於現象主義的知覺觀。

對此，阿姆斯特朗從他的「知覺訊息流理論」(information flow theory of perception) 角度作了批判與答覆。他認爲，人們在知覺過程中所獲得的認識只不過是「物理世界有關事物的知識、信念或信念傾向」。也就是說，人們在感官印象中所獲得的認識只不過是對有關事物的可感性質（the sensible qualities of things）的印象，即知識、信念或信念傾向，我們從這印象中是推不出該事物究竟具有什麼性質的，因爲感官印象中已包含有主觀成分。所以，人們對物體的某種可感性質的認識並不是它確實擁有該性質的可靠依據，從中也推理不出它確實具有怎樣的性質。

再次，它還面臨著如何說明人類知覺過程中的時間滯差問題。間接實在論者認爲，在知覺發生之前，知覺客體已對知覺主體的心靈發生了因果影響，從而導致主體具有了相應的知覺，所以，知覺客體並未直接造成主體的有關知覺，知覺主體直接感知的也不是那知覺客體，而是知覺客體對知覺主體所產生的因果影響。科學的直接實在論者認爲，這種觀點混淆了因果作用的直接性與認識的直接性，在此知覺過程中，知覺主體與客體在因果作用的關係上是間接的，但主體對客體的知覺仍然可能是直接的、非推論性的，二者不可混爲一談。

最後，它還面臨著如何說明人們在知覺中

所感知到的物理世界與現代物理學揭示給我們的世界圖景存在著的巨大差異問題，一些哲學家藉此否認人們可以感知到物理世界本身的。對此，一些直接實在論者用他們的錯覺理論給予說明。他們認為，只要我們承認感官錯覺是一種非常普遍的知覺現象，即比人們在日常思想和觀念中所要承認的還要廣泛得多的現象時，直接的知覺實在論就可與物理學研究協調一致。例如，桌子在人們的日常知覺中儘管表現出被各種物質材料填滿或充實的樣態，但我們仍然承認它有相當一部分處於虛空狀態。這樣，就與物理學的研究不矛盾了。

科學的直接實在論所面臨的最大難題仍是如何說明第二性質的問題。既然人們對世界的知覺是直接的，為什麼人們的知覺中會出現世界本身原本不存在的第二性質這類現象呢？對此，科學的直接實在論也作出了答覆。從總體上看，它的內部存在著兩種不同的解釋，一種是以斯馬特為代表的具有行為主義特徵的解釋，一種是以阿姆斯特朗為代表的非行為主義的解釋。斯馬特認爲，客觀物理實體並不具有顏色、聲音之類的第二性質，這些第二性質的概念其實都是人類學的概念。例如顏色概念就是如此，它實際上是物體所具有的一種引起正常人在常規條件下對其進行分辨和識別的傾向，因此，「我們可以期望外星人有與我們相似的長度概念和電荷概念，但不能期望他們有與我們相似的顏色概念」。人類如果想要客觀地認識物質世界，就應當避免使用這些概念。對於斯馬特這些具有行爲主義特徵的解釋，阿姆斯特朗提出了批判。他認爲，物理客體只存在物理學歸於物體的那些第一性質，不存在任何所謂的第二性質，第二性質實際上是物體表面的第一性質以某種結構作用於人們的感官所導致的一種錯覺，是人們在感知物體的過程中所獲得的一種信念。也就是說，第二性質只具有認識論的實在性，不具有本體論的實在性。

從總體上看，在知覺問題上，直接實在論要比間接實在論更加合理一些，也更加一貫一些，而在直接實在論中，科學的直接實在論又要比素樸的直接實在論更加合理一些。正因為如此，在本世紀中葉以後，科學的直接實在論在當代認識論領域占據著主導地位。

第三章
物理主義的心靈理論

與人的知覺活動相關的一個重要問題乃是「心是什麼」的問題，這是自笛卡爾以來西方心靈哲學一直關注的一個核心問題，也是當代西方語言哲學關注的一個焦點問題（因爲語言問題的解決最終有待於「心」的本質問題的解決）。對於這個問題，物理主義哲學家們以現代物理學和腦科學的研究成果爲基礎進行了認眞的探索，對以笛卡爾主義爲首的傳統二元論及其它各種非物理主義的心靈理論進行了猛烈的抨擊與批判，提出了具有物理主義性質的「心腦同一論」(identical theory of body and mind）的解釋，在國際哲學界產生了巨大影響。如果說在近代和本世紀上半葉分別是由笛卡爾主義和行爲主義的解釋在心靈哲學界占據主導地位的話，那麼，自五〇年代末以來則是由物理主義的解釋占據主導地位。

第一節　對非物理主義解釋的批判

物理主義的心靈理論是建立在對各種非物理主義的心靈理論（non-materialist theory of mind）批判的基礎上的，非物理主義的解釋主要包括各種形式的二元論（dualism）、屬性論（the attribute theory）和行爲主義（behaviourism）的解釋。下面，我們就來看看它是如何批判這些理論的。

一、二元論

二元論是物理主義批判的重點對象。按照阿姆斯特朗的看法，二元論可以劃分爲笛卡爾主義的二元論和休謨的知覺束二元論（bundle dualism)，只不過前者的影響大一些，後者的影響小一些。

所謂笛卡爾主義的二元論，顧名思義，就是以近代法國哲學家笛卡爾 (Ren SYMBOL 233/f "Arial Rounded MT Bold" Descartes) 爲代表的心身二元論。笛卡爾是十七世紀法國著名的數學家、物理家和哲學家，在哲學上，以倡導「心身二元論」著稱。笛卡爾認爲，人是由物質實體和精神實體這兩種性質不同的實體組成的，人的肉體是由物質實體組成的，而他的心靈卻是由精神實體組成的。精神實體的本質屬性是能思維，但不占有任何空間，無廣延性；物質實體的本質屬性是有廣延，但不能思維。動物不能思維，只有人才能思維，因此人是兩種實體的統一體。

既然人的心靈與肉體是由兩種不同的實體組成的，那麼，這二者是否相互作用呢？如果這二者相互作用，它們又是如何相互作用的呢？這就成了笛卡爾的二元論所必須回答的問題，對此，他作出了後來被心理學界稱爲「心身交感論」的解釋。他認為，心靈與肉體儘管是由兩種不同的肉體組成的，但還是可以相互作用的。他說：「自然又透過這些痛苦、饑餓、口渴等等的感覺告訴我，我不但住在我的形體裏面，就像一個舵手坐在他的船上一樣；而且此外我和這個形體緊密地聯結在一起，高度地攪混在一起，因而我與它組成一個單一的整體。」比如，我的身體受傷時，我就感覺到痛苦；我的軀體需要喝水或吃東西時，我便感到饑渴，顯然，我們的心靈和身體是結合在一起的，是可以相互作用的。至於二者之間相互作用的具體方式，笛卡爾提出了「松果腺說」。他認為，人的心靈與肉體是透過人腦當中的松果這個器官而發生相互作用的。

笛卡爾之所以選擇松果腺作為心與身相互作用的中介，是因為在他看來，人的所有器官都是成雙成對，如人有兩眼、兩耳、兩鼻孔，大腦也分成兩半球，腦室也有左右前後之分，而人們對任何事物的認識都只有一個統一的思想，因此，人腦當中必定存在一個單一的器官，把人們成雙成對的感覺在達到靈魂之前統一起來。在人腦中，松果腺處於腦中線的位置，且恰好只有一個。所以，笛卡爾認定在人腦內除此器官之外，沒有其它器官可起上述的作用。

從理論上講，笛卡爾的「松果腺說」並沒有眞正解決心與身如何能相互作用的問題，它只是回答了它們二者如何相互作用的問題，這是兩個不同的問題。前者要問的是，心與身既然是由兩種不同的實體組成的，它們如何能夠相互作用呢，一般的看法認爲，只有同樣的物體才能相互作用。這是笛卡爾的二元論所面臨的最大理論難題。對此，他的「松果腺說」並沒有作出答覆。從現代生理學和腦科學的研究成果來看，人腦當中的松果腺不是心與身相互作用的場所與中介。儘管如此，笛卡爾的二元論影響仍然很大。

在笛卡爾之後，斯賓諾莎（Benedictus Spinoza）提出了具有「屬性平行論」性質的心身二元論，萊布尼茲（G.F. Von Leibnitz）提出了具有「實體平行論」性質的二元論，企圖在否認心與身相互作用的前提下堅持二元論，以便彌補笛卡爾二元論的缺陷。但是，由於他們的理論否認了心與身之間的相互作用，與人們的直覺和生活常識不符。因此，也不能令人信服。進入本世紀以後，英籍奧地利哲學家巴柏 (K.R. Popper)、澳大利亞哲學家艾克爾斯 (J.C. Eccles) 又以不同的方式提出了心身二元論。由於現代二元論的心靈理論是建立在現代心理學、腦科學等實證科學基礎上的，所以，其影響甚大。

與笛卡爾不同的是，休謨雖然也承認心與身、或心與物是不同的，但他認爲這種不同主要表現在作爲物質的身體是一個連續的存在物，而在精神領域則根本不存在與物質領域的身體相對應的連續體，人們在內省自己的精神過程中只要發現一束束的知覺，所以，在休謨的理論中，「心」並不是一種特殊的實體，而是一系列既與身體相關的、又與身體相區別的所謂的「知覺束」(perpectual bundle)，「知覺束二元論」的稱呼就是由此而來的。需要說明的是，休謨儘管是「知覺束二元論」的首倡者，但他本人並不是一個堅定的「知覺束二元論者」，他的思想經常處於某種搖擺之中，這主要表現在他有時按照貝克萊的作法，把人們的身體還原爲知覺，有時又按照常識把人們的身體看成是物質性的東西。在心與身的關係問題上，休謨是相信二者之間存在相互作用的，而後來的「知覺束二元論」者對此是持懷疑態度的，於是，後來就有了屬於「心身平行論」的知覺束二元論。這種理論在心靈哲學界以「副現象論」著稱，其代表人物是T.胡里（T.H. Huxleg）。在胡里等人看來，意識與大腦的關係就像是溫度計與其所在房間的關係一樣，溫度計雖然可以測量出它所在房間的實際溫度，但不會影響該房間的溫度。與其相似，意識、精神雖然是大腦活動的副產品，但不會、也不能影響大腦的生理活動。

對於各種形式的二元論，物理主義哲學家們進行了猛烈的抨擊與批判。以阿姆斯特朗爲代表的一些物理主義哲學家認爲，一個完善的心靈理論應當滿足如下要求：

1. 它應當允許「心靈的離體存在」(disembodied existence of the mind) 具有邏輯的可能性，這樣，心靈與肉體的相互作用才具有邏輯的可能性；

2. 它應當把精神事件當成不能獨立存在的事物來看待，這樣，才能在理論上徹底否認所謂靈魂脫離肉體而轉世的可能性；

3. 它應當說明心靈與肉體的統一性；

4. 它應當具有可以對各種心靈狀態或精神狀態進行區別的原理；

5. 它應當具有科學的合理性；

6. 它應當允許心靈與肉體的相互作用，原因是在日常生活中，人類的心理活動與其生理運動具有因果聯繫。

但是，笛卡爾主義及其它形式的二元論都無法完全滿足上述的各種條件，它們都不可避免地面臨著如下困難：

1. 如何說明身與心的相互關聯問題；

2. 如何區別各種心理狀態的問題；

3.如何回答心與身是否相互作用的問題。

對於這些問題，它們由二元論立場的原因都無法作出令人滿意的說明。尤爲重要的是，它在根本上與現代科學、尤其與現代物理學不符。因爲現代物理學的研究表明，任何物質運動都必須以物理運動爲基礎，都必須是在一定時間與空間中的運動，如果說只有人類的心靈運動是個例外，實是令人難以置信。

二、屬性論

屬性論的代表人物是古希臘哲學家亞里士多德（Aristottle）和現代哲學家S.亞里山大（Samad Alexander）。屬性論認爲，具有精神活動的人是由單一實體即物理實體構成的，「心」不是一種實體，也不是物理要素的組合物（與身體有別），而是附屬於人體的一種屬性或機能。心與身之間也是存在相互作用的。

物理主義者認爲，與前述的各種二元論相比，屬性論雖然具有如下的優點，即：

1.它可以說明精神現象不能脫離物質即人

腦而獨立存在的問題；

2. 它以屬性與載體的關係對身體與心靈的相互關聯提供了說明；

3. 因爲心靈不是一個獨立的實體，所以，它也就不存在如何區分不同的精神狀態的問題。

但是，它也有如下的缺陷：

1. 它不能滿足精神在邏輯上可以脫離肉體而存在的要求，反而使其成爲邏輯上是不可能的事情；因爲心、意識既然只是人體、尤其是人腦的屬性或機能，那麼它們之間在邏輯上就不可能分離而獨立存在；

2. 它不能對身體與心靈的相互作用作出合乎科學的說明。既然意識、精神只是人腦的屬性，人腦是其載體，二者之間就不能發生相互作用，否則，在邏輯上也是說不通的；

3. 它面臨著在生物進化史上如何說明這非物理的精神屬性何時出現的難題，因爲如果像許多哲學家所承認的那樣，意向性是精神過程不可還原的屬性，那麼物理客觀與精神客觀便有著巨大差別，精神過程的意向性的起源問題就難以解決；

4. 在該理論中，大腦具有獨特的（即非物理的）精神屬性，不能用普遍的、基礎性的物理屬性說明，使其來源顯得很神秘。在物理主義者看來，人類是能夠在物理層次上對複雜的精神現象作出完備說明的，屬性論者把意識、精神看成是人腦的屬性或機能，並未在物理層次上對此屬性的起源作出說明，因此是不能令人滿意的。

三、行爲主義

行爲主義是本世紀上半葉非常流行的一股理論思潮，它把人類的心理活動、思維活動歸結爲人體外顯的或內隱的生理行爲，故被稱之爲「行爲主義」。行爲主義的心理學理論可以分爲兩個時期，從1913年到1930年左右爲第一時期，從1930年以後屬於第二時期，前者被稱爲「早期行爲主義」，後者被稱爲「新行爲主義」。早期行爲主義認爲，思維是整個人體的機能，是全身肌肉、特別是喉頭肌肉的內隱的生理活動，在根本上與打網球、游泳或其它任何身體活動沒有本質上的區別，只是難以觀察或更爲複雜和約縮罷了；極端的早期行爲主義者甚至達到了否認心理現象存在的程度。由於它忽視大腦在其中所起的關鍵作用，因此被後來的新行爲主義者譏諷爲「無頭腦的心理學」。與早期行爲主義不同，新行爲主義者非常重視對內在的心理活動與外在行爲的關係的研究，尤其重視對大腦中樞的研究，認爲思維、心理活動純屬大腦中樞神經系統的活動，因此它們的思維學說又被稱爲「中樞說」。總之，行爲主義理論把人類的心理活動、思維活動歸結爲人體肌肉或人腦中樞的某種生理運動。

物理主義者認爲，行爲主義的心靈理論的優點在於：

1. 它能說明心與身的相互關聯性。因爲在行爲主義看來，心就是「行爲中的身體」；

2. 它能對不同的精神狀態作出區別，即依據行爲的不同來區別；

3.它與現代科學關於人體與大腦的知識相容（此處主要是指新行爲主義）。

不過，物理主義者認爲，行爲主義也有自己的缺點：

1.它在理論上不具有允許精神脫離肉體而存在的邏輯可能性；

2.它否認在人類身上的物理刺激與物理反應之間具有內在精神過程的存在，因而導致對心與身之間相互作用的否定；

3.它沒有對精神過程所具有的意向性的起源作出淸楚的說明；

4.尤爲重要的是，它竟然否定了內在精神過程的存在，令人難以置信。

不僅如此，物理主義者還對維根斯坦（L.J. J. Wittgenstein）和賴爾（Gilbert Ryle）等人的哲學行爲主義理論進行了批判。雖然他們兩人不承認自己是行爲主義者，但是，他們的理論確實都具有某種程度的行爲主義特徵。首先，就維根斯坦而言，他的後期理論（即1945年以後）就具有語言學意義上的行爲主義特徵。在他後期的代表作《哲學研究》(*Philosophische Untersuchungen*, 1953) 中，維根斯坦雖然並不否認人們可能有內在的感覺(如疼痛)等，不否認人們有種種內在的心理過程，但是他否認那種依據心理語詞 (如「疼痛」一詞) 來確定有內在的感覺或內在的心理實體存在的作法。在他看來，心理語詞的意義不是根據內在的心理過程描繪或給出的，而是根據相應的外在可觀察行為 (如人們因疼痛而表現出的一系列身體行為：呻吟、冒汗、彎腰、皺眉等) 來描繪或給出的。

受維根斯坦的影響，賴爾也反對這種依據心理語詞來確定相應的心理實體的作法。在《心的概念》(*The Concept of Mind*, 1949) 一書中，賴爾一方面從邏輯範疇錯誤角度猛烈地抨擊和批判了笛卡爾主義的二元論錯誤，另一方面又對人類的諸種心理活動提出了具有行為主義特徵的解釋。他認為，人類通常所稱述的各種心理活動，如知道、意志、情感、意向、感覺、想像、理智活動等，其實並不是那種所謂的外人不可知的內在過程，而是種種公開的行爲或行爲傾向。

物理主義者認爲，維根斯坦與賴爾等人的心靈理論雖然確實要比以前諸種行爲主義的理論合理得多，但它們仍然是一種行爲主義的理論，只不過顯得更精緻一些而已。物理主義者承認，即使我們不願意接受行爲主義，也必須承認外在的身體行爲或行爲傾向的確已在某種程度上進入到我們日常的心理概念中。不論何種心靈理論爲眞，它都已受益於行爲主義。儘管如此，包括維根斯坦與賴爾等人在內的各種行爲主義仍然不能作爲完善的心靈理論來接受，因爲它畢竟只概括了部分事實，沒有概括全部事實，何況我們也不能否認內在精神狀態的存在，因爲我們的行爲在某種程度上已包含於心的概念之中。

第二節　物理主義的同一論

一、基本主張與特徵

如前所述，受現代心理學、神經科學和腦科學等實證科學研究成果的影響，絕大多數物理主義者都主張人類的心理活動實際上是人腦的一種活動或功能，所以，該理論有時也被簡稱爲「心腦同一論」。在西方哲學界，物理主義的同一論有時也被稱作「後物理主義」(post-physicalism)、「澳大利亞異端」(Australian heresy)、「中樞狀態唯物論」(the materialist central-state theory)、「偶然同一論」(accidental identical theory)，這些別稱分別從不同面向揭示了該理論的基本主張與特徵。

首先，它之所以被稱作「後物理主義」，是因爲這種由斯馬特等人倡導的物理主義與先前卡納普等人倡導的物理主義有本質上的區別，卡納普等人倡導的物理主義具有明顯的語言還原和哲學行爲主義特徵，其宗旨在於以現代物理學語言爲中心建立統一的科學理論體系，而斯馬特等人倡導的物理主義則具有明顯的反語言還原和反哲學行爲主義的特徵，其宗旨也只在於對人類各種複雜的精神現象作出合乎物理學精神的解釋，而且斯馬特等人也堅決主張把他們的物理主義與卡納普等人的物理主義區別開來。

其次，它之所以被稱作「澳大利亞異端」，是因爲在語言分析和賴爾的哲學行爲主義成爲英美哲學界占主導地位的思潮時，是斯馬特和阿姆斯特朗這些澳大利亞哲學家最先站出來與之抗衡並推進了和深化了物理主義，因此它的另一個綽號便自然是「澳大利亞異端」。當然這並不是說，這種理論的發展與影響只局限於澳大利亞，如前所述，這種理論在英美和歐洲大陸有許多積極的支持者，如當代美國知名哲學家理查・羅逖和戴維森倡導的「取消論的唯物主義」就是對它的支持與發展。

再次，它之所以被稱作「中樞狀態唯物論」，既與它的基本理論主張有關，也與它和行爲主義的區別有關。物理主義的同一論者認爲，人類的心理活動可以從三方面歸結爲其大腦的物理運動：

第一，從語言的層次講，人類有兩種指稱和描述對象的語言，一是心理主義或心理學的語言，一是物理學的語言，二者都可用來描述人腦中發生的活動、過程、狀態和事件，因此二者的指稱可以是同一的。

第二，從認識論角度講，我們可以從兩個方面觀察人腦的內部過程與現象，一是心理學的，一是物理學的（包括生理學的和神經科學的），兩種認識方式所觀察到的對象是同一的。

第三，從實在論角度講，依據現代物理學、心理學和腦科學等實證科學的研究，物理運動是我們這個宇宙中任何一種高級的和複雜的物質運動的基礎，後者最終都能還原爲前者；人類和動物的心理活動（如果承認動物也有心理活動的話）也都可以還原爲其大腦中樞的神經生理運動，都是大腦中樞決定的，大腦（或其中樞系統）是其載體，脫離了大腦，人類和動物的心理活動便無法進行，也不可能存在；大腦及其中樞系統的生理運動最終又是由組成它們的物理粒子及有關的物理運動決定的，因此，人類與動物的心理活動與其大腦中樞的生理運動及其低層次的物理運動是同一種運動，心理活動實際上也就是大腦中樞的一種運動，通常所謂的「心」指的也就是人們的大腦中樞。這樣，它也就與行爲主義區別開了。因爲行爲主義主張，心理語詞不過是關於行爲的僞裝的閒聊，行爲不過是身體中發生的東西，而物理主義的同一論認爲，心理語詞所表達的是隱藏在外部行爲背後的內在狀態，也就是發生在中樞神經系統中的現象。

最後，它被稱作「偶然的同一論」，也顯示出與近代的心腦同一論的區別。如前所述，在歷史上，以十八世紀法國唯物主義爲代表的舊唯物主義者曾主張，人類的思想過程與其大腦事件是一回事，思想就是一種大腦事件。對此，舊唯心主義者反駁道，思想不可能是一種大腦事件，因爲在日常生活中，人們對自己的思想活動可以有充分的了解，但對自己大腦的運動狀態經常是一無所知，或知之甚少。舊唯物主義的心腦同一論因爲是建立在有關醫學和物理學理論基礎上形成的帶有必然性的邏輯結論，屬於邏輯的同一論，因此無法回答這樣的反駁。

爲避免舊唯物主義的這種缺陷，現代物理主義者於是就提出了「偶然的同一論」。他們主張，所謂心腦同一，並非近代意義上的邏輯的同一，而是一種經驗的同一，一種事實的同一，一種綜合的同一，換句話說，它是在經驗事實基礎上概括出來的具有偶然性的同一論，並非經過理論的邏輯分析而得出的具有邏輯必然性的同一論。該理論的首倡者費格爾曾明確指出：「這種理論主張，在現象謂語的所指者和某些神經生理學術語的所指者之間，有一種系統同一的綜合（基本上經驗）關係」，並再三強調指出：「同一理論是與經驗的證明共存亡的，因而絕不能認為僅僅根據純粹邏輯的理由就能證明它是正確的。」

二、物理主義同一論的類型與演變

物理主義同一論者雖然都肯定人類的心理現象實質上是一種大腦的一種物理運動，但在何種意義上說它們是等同的，不同的物理主義者給出了不同的回答。依據對這個問題的不同回答，我們可以把該理論劃分為以下三種不同的類型：第一類型是語言指稱或其語義相同意義上的物理主義同一論，其代表人物主要是前述的邏輯經驗主義者費格爾和當代享有盛名的分析哲學家奎因（W. Quine）；第二種類型是實體等同意義上的物理主義同一論，其代表人物是澳大利亞哲學家斯馬特、羅遜和費耶阿本德等；第三種類型則是功能等同意義上的物理主義同一論，其代表人物主要是功能主義哲學家阿姆斯特朗、劉易斯（D.H. Lewis）和普特南（Hilary Putnam）等。

首先，我們來看語言指稱或其語義相同意

義上的物理主義同一論。這種理論的基本主張是，心理語詞和表示大腦神經狀態或物理狀態的語詞具有相同的指稱或意義。

如前所述，這種理論的代表人物主要是費格爾和奎因。對於費格爾的同一論，由前文可知，它主要是主張心理語詞和物理語詞在指稱上是同一的。與費格爾不同，奎因認爲心理語詞和物理語詞不僅在指稱上是相同的，而且在語義上也是相同的。奎因認爲，所謂心理狀態其實就是一種肉體狀態或神經狀態。從語言層次講，我們雖然還在使用心理主義的術語，不過要注意，這類指稱的就是神經狀態，顯然，在他這裡，心理語詞與物理語詞的指稱是同一的。不僅如此，他還認爲心理語詞與物理語詞、心理陳述與物理陳述在語義上也是相同的。正因爲如此，他認爲，「心理第一性論者的用語一般可翻譯爲神經病學中的解剖學和生物學的用語」，我們才可能把心靈狀態歸於肉體狀態，乃至取消心理狀態，只保留神經狀態或肉體狀態。

接著，我們再來看看實體相同意義上的物理主義同一論。這種理論的基本主張是：所謂心其實就是大腦，尤其是大腦的中樞神經系統，人類的心理狀態歸根結柢是由大腦及其中樞系統的物理運動狀態決定的，二者具有類型（type）上的同一性。最早提出這種理論主張的是前述的澳大利亞哲學家普萊思。

普萊思認爲，人類的各種感覺活動其實就是大腦的活動過程，在人類的大腦中只存在大腦的生理運動及其基礎層次的物理運動，並不存在其它類型的運動或其它實體的運動。他把感覺與大腦過程的等同關係比喻爲於閃電與電荷運動在物理學的等同關係，認爲感覺與大腦過程的同一關係或等同關係在目前雖然還是推測性的，但無關緊要，因爲閃電與電荷運動的同一在歷史上也曾經是推測性的，現在卻已得到了證實。此外，他還認爲，在上述兩種情況下，同一並不是僅僅根據語義的、概念的或邏輯的分析而建立的，關於閃電的陳述並不意味著就是關於大腦活動的陳述。與此相同，關於感覺的陳述，並不意味著就是關於大腦活動的陳述，換句話說，二者的同一乃是基於人類經驗的偶然的同一。在普萊思看來，人們之所以反對心腦同一論，主要是由於一種錯誤的觀念即「現象學的謬誤」(phenommenological fallacy) 所導致的。例如，當我們有一個綠色的後像 (after-image) 時，我們似乎覺得在自己的心中或腦中存有某種綠色的東西，這種具有現象學性質的東西似乎是不能等同於有關大腦過程的。其實不然，有一個關於綠色的後像，只不過是有那種通常在我們看到一塊綠色的光斑時所得到的經驗，並不存在那個叫做後像的綠色的東西，存在的只是想像某種東西爲綠色的經驗，而經驗與大腦活動過程是同一的。普萊思的這種觀點後來得到了斯馬特的發展。

斯馬特爲物理主義的心腦同一論作出了進一步的和系統的辯護。

第一，他認爲，當一個人說「我看到了一個黃橙子的後像時」，他的意思是說，在他的心中或腦海中存在著這樣一種景象，這種景象與他在光線充足的時候看見一隻黃橙子時的景象一樣，換句話說，這種景象與人們通常看見一隻眞實的黃橙子的景象是一樣的。這樣他就用某種後像能夠出現的外在刺激過程來說明後像，從而否認作爲某種實體的後像的實在性。有人認爲，這裡所說的後像顯然不是在物理空間中，而是在某種心理空間中，旣然如此，心理學上所說的後像就不可能是一種大腦過程。斯馬特指出，他不是要論證心理學上的後像是一種大腦過程，而是要論證「有後像」這一內在經驗實際上是一個大腦過程，居於大腦這一物理空間中；況且根本不存在後像這種實體，只存在「有後像」這一大腦過程。

第二，由此類推，在人類的大腦中，根本就不存在「感覺」這種存在物，存在的只是「有感覺」這種大腦過程。

第三，旣然意識、心理過程和主觀經驗就是一種大腦過程，它們之間爲何會顯示出如此巨大的差別呢？對此，斯馬特提出「主題中立說」(topic-neutral theory) 來解釋。他以聽人們的對話來比喻。比方說，有兩個人在對話，你只朦朦朧朧地聽懂了「和」、「如果」、「或者」與「不」之類的詞句，並沒有聽出其它的內容，這時你就無法知道這些對話的內容是關於地質學的，或是關於其它的，比方說還是關於神學的，因此，你所聽到的只是一些中性的詞句，其中並不包含有什麼傾向。與此相似，我們的心理語詞也是中性的，它中立於二元論與唯物主義之間，並不表明什麼。他認爲，對於人類的心理過程，我們可以用「當……之時，在我的心理狀態中出現的情形就像……一樣」的公式來表示，這公式既可以指類似笛卡爾所說的幽靈般的過程，也可以指大腦過程。只是因爲依據現代物理學的基本精神，並不存在感覺之類的心理實體，我們才運用奧卡姆剃刀砍去了虛構的心理實體的實在性，把感覺之類的心理過程歸結爲大腦過程，因此，心腦同一論是人們依據現代物理學與奧卡姆剃刀之精神推論出的最簡單的假說。

需要說明的是，斯馬特只是把普萊思首倡

的心腦同一論向前推進了一大步，並沒有使得物理主義的心腦同一論眞正完善起來。這主要表現在他沒有克服普萊思的心靈理論所具有的行爲主義傾向，只是對後像之類的主觀感覺作出了物理主義的解釋，在對第二性質之類的心理現象上卻繼續按照行爲主義的路線作出解釋，沒有把物理主義貫徹到底。直到後來受到阿姆斯特朗的批判與影響之後，斯馬特才意識到問題所在，改變了自己的看法，把物理主義貫穿到底。在這一問題上，普萊思至今還堅守著自己當初的行爲主義立場，不肯改變看法。不過，阿姆斯特朗是在功能相同的意義上把物理主義貫徹到底的，眞正在實體相同論意義上把斯馬特等人的理論向前推進、並貫徹到底的是美國哲學家費耶阿本德、羅逖和P・M・丘奇蘭德，他們從物理主義的角度徹底否認了心及心理現象的存在，提出了取消論的物理主義（eliminative materialism）或稱之爲「消失觀」（the disappearance view）的心靈理論，把物理主義的心靈理論推向了極端。

以費耶阿本德、羅逖和P・M・丘奇蘭德爲代表的取消論者認爲，目前人類常識看法中關於心理現象的看法是一種非常荒唐的看法，在人體中根本就不存在作爲心理實體的「心」與心理現象，心也不是指大腦，因爲存在的只有大腦，目前常識中有關「心」及「心理現象」的概念都將被神經科學的有關概念所取代。按照他們的看法，在人體或人腦中，根本就不存在感覺、思維之類的心理活動，存在的只是被稱作「感覺」或「思維」的東西，就好像根本就不存在「熱流」，只存在被錯誤地當作它們的東西一樣。過去，人們以爲有一種叫作「熱流」東西存在，隨著分子物理學的出現，人們逐漸認識到根本就不存在「熱流」這種東西，也不存在以「熱流」命名的那些現象。人們曾經以「熱流」命名的那些物理現象實際上就是分子的運動，雖然分子的運動並不是熱流，但它就是被人們錯誤地稱作「熱流」的那種東西。心理現象與神經生理的關係就如同熱流與分子運動的關係一樣。由此可見，取消論者比上述的費格爾、奎因、普萊思、斯馬特等不同類型的還原論者都要走得更遠，它不僅否認了舊的心理概念、心理學理論的合理性，而且還否認它們與神經科學有共同的所指，有共同的意義，否認向後者還原的可能性。

最後，我們再來看看功能相同意義上的物理主義同一論。

這種理論的首倡者是阿姆斯特朗和劉易斯，他們兩個人也是功能主義的思想先驅，因爲在功能主義的創立過程中起過非常重要的作用，因此被並稱作「功能主義之父」。阿姆斯特朗認爲，所謂心就是人體中「在因果關係上把我們的反應傳遞給有關刺激的東西」，換句話說，心是人們對某種刺激作出反應的中介物，是刺激與反應之間的中介。在人身上，這種中介就是他的大腦，更確切些說，就是人腦內的中樞神經系統。由此，他提出了一個精神狀態公式，在此公式中，他把精神狀態定義爲「一個人傾向於產生某種行爲的狀態」，或者是「在某些情形下被某類刺激所激發的狀態」。與阿姆斯特朗相似，劉易斯也認爲，心理狀態是由一定的刺激引起的結果，也是人類行爲產生的原因，依據現代科學的研究成果，他還進一步承認，這種起到某種功能作用的心靈就是中樞神經系統中的物理化學作用。不同的是，他雖然承認作爲功能的心理狀態是某種物理狀態，但又認爲不一定是大腦的物理狀態。他透過有關火星人的思想實驗說明了這一點。假設有一群火星人，他們能像人類一樣行動，但是他們沒有像我們人類一樣的大腦，甚至根本就沒有大腦。他們有水力腿，他們的疼痛往往是由於他們腿上的水壓增加所致，而不是由於大腦中發生了什麼。在這裡，由於疼痛仍然是火星人產生疼痛行爲的功能與原因，因此與人類的情形並沒有本質上的區別。

此外，著名的功能主義哲學家普特南也持類似的看法。有一種看法認爲，普特南的思想與物理主義是不相容的，其實這是一種誤會，普特南所反對的是上述以斯馬特爲代表的實體同一或類型同一意義上的物理主義，他並不反對功能意義上的物理主義，相反，他還是一位堅定的物理主義哲學家。普特南認爲，心與腦過程之間的同一關係，並不是斯馬特等人所主張的實體上的或類型上的一一對應性的同一關係，而是一種多元的功能同一關係。他把精神狀態與大腦的關係比喻成電腦的計算狀態與其硬件的關係。在不同的電腦那裡，相同的計算狀態是由不同的硬件完成的，二者之間不存在一一對應關係，而是存在一多對應或多多對應關係。他認爲，這個比喻儘管否認了心與腦過程之間的一一對應關係，但它一點也不影響物理主義綱領的成立。相反地，他和奧本海姆（P. Oppenheim）共同提出了有名的科學還原綱領，即所謂的「奧本海姆——普特南科學還原綱領」(the Oppenheim-Putnam Programme of Scientific Reduction)。按照這個綱領，心理學可以還原爲生理學，生理學又可以還原爲化學和物理學。由此可見，普特南的功能主義是建立在物理主義基礎上的。

此外，需要說明的是，並非所有的物理主

義哲學家都主張心理現象還原爲物理現象或有關功能，有些哲學家主張二者是可以完全還原的，也有一些人是持否認態度的，如前述的以羅逖、戴維森和斯馬特爲代表主張的「非還原的物理主義」就是典型的一例。這是我們需要注意的。

第四章
物理主義的行爲理論

人類的行爲問題也是與人的心靈活動密切相關的一個重要理論問題，它涉及到人類的行爲過程中是否存在「意志自由」的問題，對於這個問題，不同的哲學流派作出了不同的答覆。物理主義哲學家們在對傳統的行爲理論批判的基礎上，沿著他們自己的理論思路作出了答覆。

第一節　意志自由論批判

一、意志自由論

意志自由問題是西方倫理學史上爭論已久、至今也未能妥善解決的一個重要理論問題。持這種觀點的倫理學家認爲：

第一，人是有自由意志的，因爲人在面臨兩種以上的可能選擇時，他的意志有不受他人左右、不受因果必然性制約的自由，意志可以獨立地作出自己的決定。也就是說，意志是自我決定的，其運作是獨立的，沒有原因的，具有隨意性；因而人有選擇自己行爲善惡的能力，而善惡是由人的意志選擇的行爲決定的，所以，人要對自己的行爲負責。

第二，人類的行動是由意志決定的，是由意志自由選擇的，不是由人的內外的物理原因決定的。至於所選擇的行動是否行得通，是否能達到自己的目的，那是另外一回事。

意志自由論者的根據，歸納起來大致如下：

第一，倫理、道德和法律上的根據。如果人不是自由地決定自己的行動，那麼人對自己的行爲就不負有任何責任。這樣一來，道德與法律就將失去作用。德國古典哲學家康德曾明確指出，人的行爲如果受客觀的因果必然律支配，不能自由地遵守「絕對命令」的要求，那麼道德律令就會失去任何根據與要求。他舉例說，如果這樣，那麼任何不道德和犯罪的人都可以爲自己的行爲辯護。把它的行爲說成是客觀因果律支配，由環境或外界條件決定的，自己則可以不負責任的。此外，休謨在《人性論》中也作出過相似的論證，當今許多支持意志自由論的人也經常重複這個論證。

第二，內省方面的根據。人們在作出某一行動、特別是重大的行動時，只要注意內省，就能知道行動之前有一個考慮、比較和選擇的過程。這說明行動是由人們的意志自由選擇的。現代哲學家柏格森就認爲，我們應當把意志的創造性活動看作是一個簡單的和自足的經驗，因爲我們透過內省可以感覺到它是自由的。

第三，經驗的根據。例如，我們在經驗中可以看到行爲與意志在時間上的鄰近。

第四，語言分析方面的根據。這是現當代語言哲學家在語言分析基礎上作出的一個重要論證。首先，日常語言哲學家摩爾(G.E.Moore)在《倫理學原理》(*Principia Ethica*)等書中透過對「可能」等語詞和「如果……那麼」這類條件句的分析，論證了意志自由的存在與作用。他指出：人們在作了某些不該做的事情之後常說：「我要是那樣子做的話……，那麼我就能 (could have) ……」。根據摩爾的語言分析，這一句話有三個方面的含義：

1.「可能」的意思是「如果我那樣子做的話，就可能……」。

2.我們可以用"should have……if I had chosen"代替"could have……"

3. 這一表述中的if從句陳述的是因果條件，由於它，我能做某種不同於事實上我已做的事情。

這三重含義都說明了一個道理，即人的行動具有多種可能性，除了事實上已作出的那種選擇外，還有其它的選擇方式和行爲方式。如果一切都是爲因果必然性所嚴格決定的，人沒有選擇的自由，那麼人們的行爲就只有一種可能性，只有一種選擇，那麼就只能如此做，在邏輯上也不能作出別的選擇，也就沒有什麼好後悔的了。事實並非如此。顯然，他是把意志自由問題理解爲願望自由問題了，毫無疑問，人們的願望是自由、多樣的，既然如此，人的意志也就是自由的，人的行動正是其意志自由決定的結果。

與摩爾相似，另一個日常語言哲學家韓普夏 (S. Hampshire) 也認爲存在著自由意志。不過，他認爲，在人類的心靈世界中，存在著各式各樣的自由，如思想的自由、情感的自由等，意志自由只是其中的一種。包括意志自由在內的諸種心靈自由現象的出現要以自我意識的出現爲先決條件。因此，他說：「意志自由僅僅是心靈自由的一部分，而這部分是在特定的思想出現時產生的。」

第五，現在科學的根據。在這方面，哥本哈根學派關於微觀粒子的解釋起了非常大的作用。因爲他們在對量子力學的成果進行解釋時，在說明統計規律與力學規律的關係和回答決定論與自由意志的關係問題時，不僅更爲有力地支持與論證了自由意志在人身上存在的客觀性和作用，而且將其推廣到更大的範圍。他們認爲，量子力學是完備的，決定論與因果定律在此領域已不再起作用；統計規律是基本的，力學規律只是在粒子數很大時的一種近似反映。波爾指出：「爲了概括個體的過程所服從的那些獨特的規律性，甚至連因果原理都被證實爲一種過於狹窄的架構了」。海森堡也說，因果規律在量子論中不再適用了。有的人甚至主張不僅人有自由意志，而且連電子也有自由意志。

此外，也有一些科學哲學家依據生物遺傳學作了論證。R.T.喬治 (R.T. George) 在提交給第十六屆世界哲學大會的論文〈生物學與人類自由〉就指出，堅持選擇的自由與已有的科學成果並不矛盾，因爲人的行爲不是被外界物理原因決定的，而是由自我決定的。人有自我決定的自由。自我決定是人類的這樣一種能力，即想像和理解規則的能力及根據它們行動的能力（包括拒絕根據它們行動的能力）。在人們行動之前，常有兩種以上的方案可供選擇，這就需要自由選擇。由於人有選擇的自由，因此經選擇而作出的行動就不同於對一定刺激作出的簡單反應這種動作。在他看來，這種把行動當作自我自由選擇的結果的看法與當今遺傳學及其操作研究的全部發現不僅不矛盾，而且是一致的，因爲它並不否認某些人在一定的環境中也許不能主宰他們自己。

二、行爲主義與存在主義的解釋

對於上述有關自由意志的看法，有不少哲

學家是持反對態度的，具有行爲主義傾向的語言哲學家維根斯坦（後期）、賴爾和存在主義哲學家沙特（Jean-Paul Sartre）就從各自的角度進行過批判，在西方哲學界產生了巨大影響，對物理主義的行爲理論也產生了巨大影響。

在語言哲學上，首先作出這種否定的是維根斯坦，他在後期的代表作《哲學研究》中比較集中地闡述了有關看法。受行爲主義心理學研究的影響，他承認人的行爲或行動有內外之別，行動不僅有走、寫、舉手之類表現於身體外部動作的形式，還有試圖、想像、努力之類的內部活動。由此出發，他堅決反對這樣一種常識性的看法，即人的行爲是由其內在的意志決定的一個因果過程的看法。維根斯坦認爲，這種看法乃是基於一種錯誤的類推，即根據外物運動有原因，就推論人的行動也有其內在原因，由於意志活動是一種內在的活動，於是就把意志當成行動的原因。

爲什麼意志不是人的行爲的內在原因呢？

理由有二：

第一，我們單憑意志不能調動我們自己和別人的身體。例如，「我們無法用意志移動手指」；別人如果想要移動我的手指，他單憑「想」是做不到這一點的，用眼神也不行。

第二，意志本身就是一種行動，是我們行動本身的一部分，無法與我們通常的行動相區別。維根斯坦舉了一個簡單的減法例子來說明這一點。比方說，當我舉起手臂時，我的手臂處於向上狀態。如果我們把「我舉起手臂」稱作事實A，把「我的手臂處於向上狀態」稱作事實B，那麼事實A減去事實B會剩下什麼呢？通常認爲，還應剩下意志、意圖之類的心理活動。維根斯坦認爲，其實不然，什麼也沒有剩下。因爲意志之類本身就是行動，或者說是完整行動的一部分。他說：「當我已舉起手臂時，我通常不再試圖舉起它。」這說明「試圖」並不是「舉起手臂」這一行動之前或之外的東西，而就是行動本身。行動是一個完整的、統一的過程，不能區分爲作爲原因的意志活動和作爲結果的身體動作。如果說有意志活動的話，它也不過是行動本身或是行動的內在標誌，身體動作是其外在標誌。

與維根斯坦相似，賴爾也堅決否認有關自由意志的常識性看法和傳統看法。他承認在人們的行動中的確存在著選擇性的行爲，但是，他認爲這種行爲並不是所謂「意志」這種非物質實體或心理實體作用的表現，因爲選擇活動本身就是人體行爲的一個組成部分，與人體外顯的活動相比，它只不過具有內隱的特徵而已。他也承認人們的行爲存在著自願行爲與非自願行爲之別，但是他認爲不能把這些看作「意志作用」的表現。在他看來，承認「自願行爲」並不等於承認行爲是由非物質心靈中的「意志作用」的結果。自願行爲雖然反應了人們心靈的某種狀態，但不能認爲自願的行爲由心理的原因和身體的隨後動作兩部分組成，不能認爲它涉及到意識流中某種隱秘的事件，因爲根本就不存在這種事件。一個學生在心算中所犯的錯誤與他在筆誤中所犯錯誤的原因是一樣的。

自願的、非自願的行爲當然與意志力是有關係的，然而意志力不過是一種行爲傾向，發揮這種傾向不過意味著堅持完成某種任務，即不受干擾，或注意力不被轉移；而意志薄弱只不過意味著非常缺乏這種傾向。人們的任何一種行爲，無論是理智的行爲、體力的行爲，還是想像的行爲或管理的行爲，都是如此。

賴爾還從日常語言哲學角度批判了這種看法。他認爲，哲學中有關「自願行爲」與「非自願行爲」兩詞的用法來自於日常生活。在日常生活中,「自願行爲」與「非自願行爲」只是用來形容某些本不該做的行爲。而在哲學中，則沒有這種限制，該做的行爲和不該做的行爲都可用這兩個詞去限制。正是這種用法上的擴展造成了「像自由意志這樣多半係僞造的問題所包含的混亂」。因此，哲學首要的任務就是要說明這些詞「日常的、未被曲解的用法與含義」。

存在主義哲學家沙特對自由意志論也提出了自己的看法。他認爲要解釋人類行爲或行動的內在奧秘，首先必須弄清「活動」(act) 概念的內涵。按照他的看法，活動是一個非常廣泛的概念，包含著許多我們將進行組織並劃分等級的從屬觀念。人類的行爲或行動只是其中的一種形式。人類的行爲，說到底，是人類爲改變世界的面貌、或爲著某種目的而使用某些手段所進行的一種活動。它由以下四個要素組成：

1. 世界的變化（結果）；
2. 手段或工具；
3. 承認對象的欠缺或否定性；
4. 目的性（或意向性）。

換句話說，人類的行爲是一種具有一定目的和動力的活動。既然如此，我們能否說動力是人類進行某種活動的原因呢？沙特認爲，不能。因爲動力、活動和目的是在同一的人類行爲整體湧現過程中形成的，在這裡，不是先有動力、決定，後有活動，而是活動本身就包含著決定、計劃，計劃、決定不僅是活動的開始，而且自始至終都伴隨著整個活動。由此出發，他對自由意志論是持否定態度的。

三、物理主義的批判

與上述的兩種看法不同，物理主義哲學家們認爲，物理世界是一個完全的封閉系統，其中所發生的任何事件都是由它們的初始運動狀態及有關的運動規律決定的。由此出發，他們認爲，宇宙萬物包括人的行動都是由物理規律決定的，不存在「自由意志」這種非物理的存在物。人們的思想、感覺、努力對這個物理世界所發生的事情不可能有實際的影響，它們如果不是幻想的話，最多也不過是物理事件的多餘的副產物或副現象。如果這些主觀的東西能夠對人們的行爲發生作用的話，它們也不能違背物理規律。不過，他們內部對人類行爲的解釋也不是完全相同的，也有決定論與非決定論之分。鑑於其重要性，我們將在下一節專述。

第二節　人類行為的物理主義詮釋

如上所述，物理主義者對人類行爲的解釋可分爲決定論和非決定論兩種，由於非決定論的解釋是後於決定論的解釋而誕生的，是一些物理主義者對人類行爲的決定論解釋所面臨困境的一種反應，因此，本節就先從決定論的解釋談起。

一、物理主義的決定論

這種理論的代表人物是早期物理主義者H・費格爾、E・米爾（Mill）和具有物理主義傾向的功能主義哲學P・史密斯（Smith）和O・瓊斯（Jones）。

以H・費格爾和E・米爾爲代表的早期物理主義者認爲，人類的心理活動包括他的行爲自由、責任心和理智等都不能超出因果關係的範疇，都要受到因果律的制約，而從人類積累下來的全部的科學證據看，因果關係又都是封閉於物理世界之中的，不受任何非物理原因的奇蹟性的干擾。因此，他們認爲，人類的行爲在根本上都是遵守物理定律的，都要以不同的方式受到因果定律的制約，人類個體及其整體行爲的發展變化在根本上都是由其初始狀態及有關物理定律制約的。

但是，隨著量子力學的誕生和發展，微觀粒子的測不準行爲使得一些科學家和哲學家對因果定律的普適性及其在微觀領域的有效性產生了懷疑，並進而對物理主義的決定論提出了批判。在這方面，英國哲學家巴柏所作的批判最爲有力，影響也非常大。他在著名的〈論雲與鐘〉一文中，根據人類行爲的不可預測性、機遇、遊戲、突現性進化以及自由意志、推理、創造性等智慧現象的客觀存在，曾對物理主義的決定論進行了猛烈的抨擊與批判。對此，費格爾等人給予了回擊與批判，進一步堅持和發展了物理主義的決定論。

費格爾等人指出，對於人類智慧中有關推

理和創造性等現象，人們完全可以作出徹底的「物理——因果」解釋，因爲它們實際上是物理世界中一種高級過程。這些現象之所以顯得玄妙難解，主要是因爲人們用非物理學的、心理學的術語予以描述。由此他們進一步認爲，承認目的、意圖、意志抉擇在人類行爲中的作用，甚至承認自由意志的存在，也不與物理主義的決定論相矛盾，因爲這些東西可以作爲人類行爲的原因來解釋，這些心理學術語所指稱的心理事件與過程就是物理學術語所指稱的大腦活動和過程。當然，他們也承認，要用物理學術語完全說明意圖、目的等術語所指稱的活動與過程，即按照物理學給予完全的因果說明，在現有的科學程度下是有困難的。但是，他們認爲，這種困難是可以克服的。因爲目的、動機、意圖、目標指向等心理術語所描述的現象就是物理學術語所描述的現象，可以爲計算機所摸擬，並得到客觀的研究。因此，他們在本世紀上半葉就大膽地斷言，對於這些心理術語在人們思維活動和行爲過程中所起的作用，雖然是直到最近才引起計算機模擬研究者的注意，但是，「在不遠的將來，它將會毫無疑問地受到巨大系統地關注」。他們的這一預見很快就得到了隨後誕生的人工智能研究和認知科學研究的證實。總之，在他們看來，即使是用「意志」、「意圖」之類的心理學術語說明人類行爲的原因，只要根據他們的物理主義來理解，就不僅不違背物理決定論，相反，恰好是對物理決定論的一種說明。

值得一提的是，在物理主義的決定論受到批判的時候，一些具有物理主義傾向的功能主義哲學家也從他們的立場出發對它作出了有力的辯護和論證。如P・史密斯和O・瓊斯在《心靈哲學導論》(*The Philosophy of Mind*)一書就根據他們所堅持的功能主義對物理主義決定論作出了如下的論證。

首先，他們認爲，所有物理變化都應完全根據物理原因來解釋，這是一個十分可靠而又牢固的科學假定。物理世界在「因果鏈」上是封閉的，沒有非物質的原因，物理變化——除了完全隨機的、不是什麼東西引起的現象——都是由在先的物理事件引起的。

其次，我們人類屬於物理世界，因此我們的身體運動——物理事件——必定有共同的物理原因。

第三，他們所主張的對人類心靈的廣義的功能主義的解釋，允許人們在承認人類是純物理存在時，探討心理狀態，比如說手臂的某一運動有純物理的原因與說它的原因是願望這兩種說法之間並不衝突，因爲願望就是物理狀態。

此外，他們還把戴維森的一些觀點融入他們的理論之中，用以消除因果律與自由行動之間的衝突。按照戴維森的看法，作爲原因的心理狀態與其引起的行動之間缺乏嚴格的因果定律，因爲二者之間不存在嚴格的一一對應關係，而是存在多樣性的對應關係。史密斯等人認爲，在這裡，無論如何，總是在先的心理狀態引起隨後的行動，因此二者之間即使缺乏嚴格的因果定律，也不能得出結論說：心理狀態不是相應身體行爲的原因。換句話說，即使嚴格的心理規律妨礙了自由，對有關自由的因果解釋也構不成任何威脅。

二、物理主義的非決定論

持這種理論觀點的人認爲，物理主義的決定論並不是普遍適用的，它只能適用於宏觀物理領域，而不適用於微觀物理領域和人類的主觀世界或心理領域，因爲在這兩個領域，因果定律都已不再適用，決定論的基礎在此領域並不存在。由於這些哲學家仍然是以物理學理論爲基礎來解釋人類的精神現象的，所以，人們稱之爲「物理主義的非決定論」。

這些哲學家之所以倡導非決定論，主要原因有二。一是因爲受了現代物理學理論的影響。如前所述，以波爾爲代表的哥本哈根學派對微觀物理世界作出了非決定論、非因果論的解釋，只承認微觀物理世界存在著統計規律，否認該領域存在著宏觀物理世界普遍存在的因果規律。由於宏觀運動規律在原則上是由微觀運動規律決定的，一些物理主義哲學家受他們的影響，便走上了倡導非決定論的道路。二是因爲人類的主觀世界存在著自由選擇行爲，在宏觀上屬於相同的原因，由於這一自由選擇行爲，往往會導致不同的結果，人類行爲的不可預測性就是由此而產生。對於任何個人的行爲，人們都只能得出類似統計規律的解釋和預測，無法作出十分精確的解釋與預測。而傳統的物理主義決定論因爲帶有某種程度的機械論色彩，在其理論前提中始終認爲原因與結果之間存在著嚴格的一一對應關係，對人類的精神世界難以作出令人信服的解釋。在這種情形下，一些哲學家自然就拋棄了決定論，走上了倡導物理主義非決定論的道路。

物理主義非決定論的倡導者主要是美國哲學家亞瑟•康普頓 (Authur Holly Compton) 和英國科學哲學家卡爾・巴柏。

㈠康普頓的「行爲解釋的量子論模型」

在《人類自由》和《科學的人類意義》這兩部著作中，康普頓明確地闡明了他對物理主義決定論的反對態度。他指出，哲學中那種以物理定律爲根據去否認人類的精神自由的觀點不是一種合理的觀點，如果有人堅持把完全的物理決定論去解釋人類的行爲，那麼人就不成其爲人了，人將淪爲一種自動機。他認爲，人類的行動之所以不能被當作是被決定的運動，主要理由在於人類在行動過程中有「試試看」、「努力去做」這樣一些事實。他還根據現代物理學的研究成果，描述了有關人類解釋的量子論模型。他把量子不確定性和量子躍遷的不可預測性，作爲人類作出重大決定的模型。這個模型有一個放大器，其作用在於把單個量子躍遷的效應放大，以致造成爆炸，或者破壞引起爆炸所必須的繼電器。人們作出一個重大決定就相當於單個的量子躍遷。這個模型也可以形象地稱之爲「總開關理論」。按照該模型，我們的身體就好比是一架機器，它可以在一個或更多的中央控制點上由桿槓或開關調節。我們的心靈或精神是透過影響或選擇某些量子躍遷而對人體起作用的，然後，像電子放大器一樣作用於中樞神經系統，放大這些量子躍遷，這些量子躍遷又再操縱繼電器或總開關的格狀物，以致最後影響肌肉收縮。唐普頓認爲，這個模型雖然不一定討人喜歡，但它足以說明：非決定論的自由現象與量子物理學是不矛盾的。

㈡巴柏的物理主義非決定論

巴柏承認，他受了康普頓的很大影響，而且他所要解決的問題正是所謂的「康普頓問題」，即決定論是人的自由選擇問題。巴柏認爲，自然界中存在著兩類現象，一類是似雲的現象，變化莫測，沒有規律，沒有次序，如氣候變化就是如此；一類是似鐘的現象，與前者正好相反。在生物中，動物的行爲像雲，植物的運動像鐘。物理主義的決定論認爲，所有的雲都是鐘，只承認有規律現象的存在，否認無規律現象的存在，把後者的存在歸結爲人們無知的結果。對此，巴柏是堅決反對的。他之所以不同意物理主義的決定論，是因爲：

第一，它把人淪爲物理世界的嵌齒輪、附屬的自動裝置，「特別是毀滅了創造力思想」。

按照他的看法，如果物理主義決定論是正確的話，那麼一個雙耳失聰並且從未聽過音樂的物理學家，只要他運用簡單的方法研究莫札特和貝多芬的身體的物理狀態，並預測他們在五線譜上寫下黑色音符的地方，就能寫出他們所寫的全部交響曲和協奏曲。事實卻並非如此，所以，這是一種非常荒唐的看法。

第二，它把一切反應（包括基於信仰的行爲）解釋爲由於純粹的物理條件而造成的，否認抽象實體的存在，否定人的自由意志，堅持任何非物理的實在都是一種「幻覺」，把「自由」問題當作一個詞語用法上的難題，以爲澄清詞的用法就夠了。巴柏認爲，這種看法是錯誤的，因爲抽象實體的存在是不容否認的，我們並不僅僅是計算機，在自由問題上，我們所面臨的並不只是詞語上的疑難。

鑑於物理主義決定論的這些錯誤與缺陷，巴柏在解釋人類行爲時，果斷地選擇了物理主義的非決定論。他明確宣稱自己是一個非決定論者。按照他的看法，世界不僅由嚴格的牛頓定律主宰，同時也受偶然性、受統計規律的支配。人的行爲也是一樣，它既有受自然規律、因果必然性決定的一面，又有游離於因果鏈之外、不被它們決定的一面。而且，人的有意的行動主要不是由物理的因果關係決定的，而是由人的內在狀態即其精神狀態和自由意志決定的。既然如此，人類的精神狀態、自由意志對其行爲的作用是一種什麼性質的作用呢？巴柏認爲，是一種原因性的控制作用。傳統觀點認爲，由於二者性質不同，前者不可能對後者產生原因性的因果作用。巴柏認爲，這種觀點是建立在一個早已廢棄的因果關係的基礎上的，沒有根據證明不同質的東西之間不能互爲因果。因此，精神狀態、自由意志可以成爲人類行爲的原因，他把精神狀態、自由意志對人體行爲、進而透過行爲對外界的作用稱之爲「下向的因果作用」。在他看來，人的行爲受外界環境和內在身體的物理作用顯示出規則性、可預見性的一面，受精神狀態和自由意志的作用，則顯示出隨機性、不可預見性的一面。

總之，物理主義的非決定論處於決定論和自由意志論的中間，既吸收了二者的一些合理因素，又拋棄了二者某些不合理的因素，對人類的行爲作出了既符合現代科學、又符合人們的生活常識的解釋與說明，對人類行爲的兩面都作出了解釋，因此，受到了學術界的關注。

結　語

在前面四章，我們大致闡述了物理主義的起源、基本特徵及其對於人類認識、人類心靈和人類行爲的看法，揭示了物理主義在這些方面與人類有關常識性看法的對立，顯示出它在這些方面的理論危機。如同我們在序言中所說的，物理主義在這些方面的危機並不僅僅是意味著它自身存在著危機，同時也意味著整個西方科學存在著相應的危機，因爲後者是前者的哲學基礎。所以，如何克服物理主義的危機不僅關係著它自身的發展前景，也關係著與科學的發展前景，二者是密切聯繫在一起的。在這方面，當代西方以大衛・格里芬爲代表的後現代主義科學哲學家作了一些嘗試，我們在此作一簡要介紹，以作爲本書的結論。

大衛•格里芬（David Ray Griffin）是當今美國著名的後現代主義科學哲學家，他與英國哲學家大衛•伯姆（David Bohm）、澳大利亞哲學家查爾斯•伯奇（Charles Birch）等人倡導一種所謂的「建設性的後現代主義」，以便與德希達（Jacques Derrida）、羅逖等人倡導的「解構性的後現代主義」區別開來。按照他們的看法，物理主義的世界觀其實是一種機械論的世界觀。這種世界觀的主要內容可以概括如下：

1. 世界是由一系列基本要素組合而成的；

2. 這些要素之間的關係是一種外在的關係，它們不僅在空間上是分離的，而且每一要素的基本性質也是獨立的；

3. 各要素之間的相互作用僅限於彼此推動而產生的機械性的相互作用，因而其作用力難以影響到其內在性質。

機械論的擁護者們儘管也承認這個原理是

有限的，在許多方面有待改進，但仍不恰當地將其誇大爲唯一普遍適用的方法，他們聲稱：所有事物最終都可以用這種方法處理，並認爲「如果我們運用了這種方法，我們便可應對所有可能出現的情況」。正是由於組成世界的這些基本元素是沒有生命的無機物，是一種機械物體，所以導致持極端態度的物理主義哲學家們否認第二性質的存在，否認人類心理現象及自由意志的存在，以致物理學所揭示的世界面貌與人類在日常生活中所感知的世界面貌不一樣，造成現代哲學與常識的對立，使其陷入極其荒唐的境地。物理主義的危機、乃至整個科學及現代哲學的危機於是由此而生。

與這種機械論的物理主義世界觀相對立，以大衛•格里芬爲代表的後現代主義哲學家們提出了一種具有生物學性質的新型的物理觀與世界觀。這種新型的物理觀與世界觀的基本觀點如下：

第一，我們所面對的和生活於其中的現實世界是一個活生生的有機體，組成它的基本要素也是一些相互作用、相互影響的有機體，並不是一些相互獨立的機械物。

第二，這些要素之間的相互作用並不僅僅限於機械性、外在的作用，而是影響到內在性質的作用。我們人類所擁有的各種高級的感覺、情緒、意志等心理現象都是直接地從這些基礎層次的相互作用現象發展出來的。

第三，這些基本要素的基本運動乃是一種主動性運動，機械運動只是它們的一種特殊運動形態。這樣，傳統的那種機械論的世界觀在理解人類的認識活動、心理活動和行爲活動所面臨的理論困境就自然消解了。

當然，這種新型的物理觀與世界觀也不是盡善盡美的，它在很大程度上是對傳統的那種機械論的物理主義世界觀的一種反動，因此與現有的物理學、尤其與現有的進化論存在著一個如何協調的問題。儘管如此，這種新型的物理觀及世界觀也爲理解現實世界、理解人類的各種心理現象提供了一種新型的方案，尤其是它對傳統物理觀及在此基礎上形成的世界觀的解剖與批判是極其深刻的。從人類文化發展史看，人類在不同的時代、不同的文化背景下往往會形成不同類型的世界觀，後現代主義哲學家們對世界觀的重新理解本身也意味著人類將進入一個嶄新的時代，人類文化的發展也將進入一個新的時期。從這樣一個角度講，後現代物理觀的形成本身就具有非常重大的歷史意義。總之，物理主義將隨著後現代文化的來臨進入重構階段。

參考書目

一、外文部分

O. Neurath: Radikaler Physikalismus und 《Wirkliche Welt》. Erkenntnis 4,1934.

R. Carnap: *Die Physikalische Sprache als Universalsprache der Wissenschaft.* Erkenntnis 2,1932.

R. Carnap: *The Unity of Science.* Transl. London 1937.

R. Carnap:"Logical Foundations of the Unity of Science", *Encyclopedia and Unified Science,* vol. I, no. 1. Chicago

1938.

Philosophical Foundations of Physics. Basic Book, Inc., New York, 1966.

U.T. Place:"Is Consciousness a Brain Process?"*British Journal of Psychology,* 47,1956.

H. Feigl: *The "Mental" and the "Physical".* University of Minnesota Press, Minneapolis, 1958.

J.J.C. Smart: *Essays Metaphysical and Moral,* London, Basil Blackwell, 1987.

J.J.C. Smart: *Philosophy and Scientific Realism.* Routledge & Hegan Paul Ltd., 1963.

J.J.C. Smart: *Physicalism and Emergence,* 1981, Neuroscience.

D.M. Armstrong Edited By Radiu J. Bogdan, D. Reidel Pulishing Company, Holland ,1984.

D.M. Armstrong: *Berkeley's Theory of*

Vision. Melbourne University Press, 1960.

D.M. Armstrong: *Perception and the Physical World*. Routledge and Hegan Paul, 1961.

D.M. Armstrong: *Bodily Sensation*. Routledge and Hegan Paul, 1962.

D.M. Armstrong: *A Materialist Theory of the Mind*. Routledge and Hegan Paul, 1968.

Berkley's Philosophical Writings. Edited by D.M. Armstrong (With an Introduction) , New York: Collien-Macmillac.

D.M. Armstrong:"Recent Work on the Relation of Mind and Brain."*Contemporary Philosophy: A New Survey*. Vol. 4, 1983, Martinus Nijhoff Publishers.

D. Davison: *Eassays on Action and Events*. Oxford, 1980.

D. Davison:"Action, Reasons, and Cause." *The Journal of Philosophy,* LX, 23, 1963.

P. Smith and O. Jones: *The Philosophy of Mind,* Cambridge University Press, 1986.

二、中文部分

洪謙主編：《邏輯經驗主義》，商務印書館，1984出版。

夏基松、沈斐鳳：《西方科學哲學》，南京大學出版社，1987年版。

(英) 吉爾伯特·賴爾：《心的概念》，劉建榮譯，上海譯文出版社，1988年版。

(加) 馬里奧·邦格：《科學的唯物主義》，張相輪、鄭毓信譯，上海譯文出版社，1989年版。

(聯邦德國) 施太格繆勒：《當代哲學主流》，王炳文、燕宏遠等譯，商務印書館，1986年版。

（美）J•丹西：《當代認識論導論》，周文彰、何包鋼譯，中國人民出版社，1990年版。
高新民：《現代西方心靈哲學》，武漢出版社，1994年版。
維特根斯坦：《邏輯哲學論》，郭英譯，商務印書館，1984年版。
維特根斯坦：《哲學研究》，湯潮、範光棣譯，生活・讀書・新知三聯書店，1992年版。
（美）喬治•H•米德：《心靈、自我與社會》，趙月瑟譯，上海譯文出版社，1992年版。
（美）霍華德•加德納：《心靈的新科學》（續），張錦、周曉林、孫麗等譯，1991年版。
徐友漁：《「哥白尼式」的革命》，上海三聯書店，1994年版。
高覺敷主編：《西方近代心理學史》，人民教育出版社，1982年版。
《十六——十八世紀西歐各國哲學》，商務印書館，1987年版。
奎因：〈心靈的狀態〉，載《美國哲學雜誌》，1985年第1期。

休謨：《人性論》，中譯本，商務印書館，1983年版。

貝克萊：《人類知識原理》，中譯本，商務印書館，1973年版。

波普（本書譯爲巴柏）：《客觀知識》，上海譯文出版社，1987年版。

康普頓：《人類自由》，1935年英文版。

S·韓普夏：《思想與行動》，1959年英文版。

薩特：《存在與虛無》，陳宣良等譯，生活·讀書·新知三聯書店，1987年版。

玻爾：《原子物理學和人類知識》，商務印書館，1964年版。

海森堡：《物理學與哲學》，科學出版社，1974年版。

胡文耕：《信息、腦與意識》，中國社會科學出版社，1992年版。

程偉禮：《灰箱：意識的結構與功能》，人民出版社，1987年版。

·文化手邊册 30·

物理主義

作　　者／劉　魁

出　　版／揚智文化事業股份有限公司

發 行 人／林智堅

副總編輯／葉忠賢

責任編輯／賴筱彌

執行編輯／晏華璞

登 記 證／局版台業字第4799號

地　　址／台北市新生南路三段88號5樓之6

電　　話／(02)366-0309・366-0313

傳　　眞／(02)366-0310

郵　　撥／1453497-6

印　　刷／偉勵彩色印刷股份有限公司

法律顧問／北辰著作權事務所　蕭雄淋律師

初版一刷／1997年5月

定　　價／新台幣150元

南區總經銷／昱泓圖書有限公司

地　　址／嘉義市通化四街45號

電　　話／(05)231-1949・231-1572

傳　　眞／(05)231-1002

・本書如有破損、缺頁、裝訂錯誤，請寄回更換。

ISBN　957-9272-96-4

國家圖書館出版品預行編目資料

物理主義＝Physicalism／劉魁著. --初版.
--臺北市：揚智文化, 1997〔民86〕
面；　公分. --（文化手邊冊；30）
參考書目：面
ISBN 957-9272-96-4（平裝）

1.物理學 - 哲學,原理
2.科學 - 哲學,原理
330.1　　　　85012828

現代生活系列叢書

1. 抉擇—生命的喜悅
Alexandra Stoddard 著
俞筱鈞 譯
定價 200元
2. 怡然相處—傾聽自己的感覺
Alexandra Stoddard 著
俞筱鈞 譯
定價 200元
3. 命運與人生
楊士毅 著
定價 250 元
4. 命運與姻緣
楊士毅 著
定價 250 元
5. 愛·婚姻·家庭—
差異、衝突與與和諧
楊士毅 著
定價 250 元
6. 生涯規劃自己來
洪鳳儀 著
定價 250 元

中國大陸學

文化手邊冊 12
書名：中國大陸學
作者：李英明
策劃：孟樊
定價：150元

本書針對西方尤其是美國的中國大陸研究，從歷史和方法論的方向，比較有系統的加以整理反省，希望能產生「他山之石可以攻錯」的效應，對我們自已的中國大陸研究進行深沉的反思。

文化工業

文化手邊冊 26
書名：文化工業
作者：陳學明
策劃：孟樊
定價：150元

文化是歷史的投影，「大眾文化」是二十世紀的時代產物。隨著科技的進步，市場經濟成爲一種潮流席捲全世界，商品成爲一種普照的光投射到各個角落，商業化和都市化成爲這個時代的表徵。在這種背景下，古典的、高雅的文化傳統受到猛烈衝擊，而以文化工業生產爲特徵、以市民大眾爲消費對象、以現代傳播媒介爲手段的「大眾文化」占領了整個世界。對待當前的「大眾文化」，採取憤世嫉俗的激進主義態度或放任自流的消極主義態度都不對，而後者似乎是更危險的傾向。法蘭克福學派理論家的文化工業理論能有效地防止和醫治這種危險的傾向，這是介紹和探討這一理論的實際意義所在。

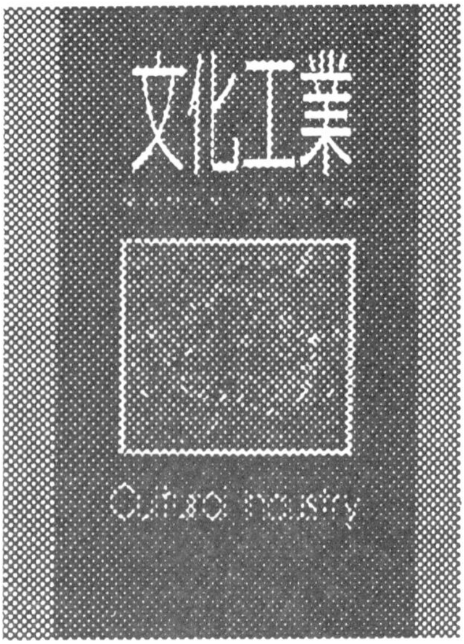